唯有柔软，才能精致

李少聪 著

中国经济出版社

·北京·

图书在版编目（CIP）数据

唯有柔软，才能精致 / 李少聪著.
--北京：中国经济出版社，2019.9
ISBN 978-7-5136-5736-5

Ⅰ.①唯… Ⅱ.①李… Ⅲ.①女性—压抑（心理学）—通俗读物
Ⅳ.①B842.6-49

中国版本图书馆CIP数据核字（2019）第120357号

责任编辑	李　丰　闫　丽
责任印制	巢新强
封面设计	仙　境

出版发行	中国经济出版社
印 刷 者	北京力信诚印刷有限公司
经 销 者	各地新华书店
开　　本	880mm×1230mm　1/32
印　　张	8.25
字　　数	150千字
版　　次	2019年9月第1版
印　　次	2019年9月第1次
定　　价	39.80元

广告经营许可证　京西工商广字第8179号

中国经济出版社 网址 www.economyph.com 社址 北京市东城区安定门外大街58号 邮编 100011
本版图书如存在印装质量问题，请与本社销售中心联系调换（联系电话：010-57512564）

版权所有　盗版必究（举报电话：010-57512600）
国家版权局反盗版举报中心（举报电话：12390）　（服务热线：010-57512564）

前言 PREFACE

越来越多的女性朋友为了证明自立和优秀，处处以强势示人：事业心强，控制欲强，脾气更强。《败犬女王》里33岁的单无双就是好强女人的典范，无论做什么，都必须得到第一，被人误会了也不去解释，受伤了也不会说个"痛"字，最多一个人躲起来悄悄地哭泣。

我们呼吁女性自立，呼吁女人强大，却不赞成女人过于强势，以致失去原有的女人味。如果女人的强势仅仅是死要面子，那么她将失去原本属于自己的优势。张爱玲曾说："善于低头的女人是厉害的女人。"善于低头不是没有原则和软弱可欺，也不是毫无原则地妥协和委曲求全，而是放弃本能性反击，学着体谅和包容，学着与这个世界温柔地相处。现实生活中，硬碰硬地去处理事情，往往会使结果更糟；有大智慧的女人会降低姿态，巧妙地避其锋芒，常会收获意想不到的结果。

职场上，才华出众的女性职员比比皆是，她们果断干练，雷厉风行,丝毫不让须眉;同时,她们也深知,少一些咄咄逼人,少一些斤斤计较,会让身边的同事更轻松、更惬意,当然也更愿意相互间配合工作。可以说,职场中示弱而不吃亏,不露锋芒而重参与,纵然风急浪涌,亦可保轻舟过得万重山。

生活中,如果女人过于强势,时时争强好胜,嘴上不饶人,不给人留情面,总有一天会逼得对方逃之夭夭。聪明的女人既可以在精神上做参天大树,又可以在姿态上小鸟依人,正所谓聪明的女人可化百炼钢为绕指柔。

女人最大的智慧,不在于聪明而在于会"装傻";女人真正的强大,不在于表面上的呼风唤雨,而在于适时地示弱。因为在很大程度上,"弱"本身就是一种超能力。男人通常会将强势的女人视为对手,而把柔软温存的女人视作需要保护的对象。

很多女人之所以不幸福,不是她们不愿意温柔,而是她们不知道如何示弱;不是她们与周围人难以相处,而是她们深陷于相互粗暴伤害的恶性循环中无法自拔。向往幸福的女人们,请改变心智模式,学会与自己和解,学会适当示弱,唯有巧妙示弱才会让你收获更多的快乐。

目录 CONTENTS

第1章　学会与这个世界温柔相处

1. 做个有弹性的女人，向幸福出发 __ 2
2. 追求十全十美的生活只会带来烦恼 __ 5
3. 与其抱怨世界不公，不如努力改变自己 __ 9
4. 坦然面对自己受到的委屈 __ 13
5. 用以德报怨的宽容感化对方 __ 17
6. 怀着一颗平常心，笑对人生 __ 21
7. 遭遇不公，也要保持应有的涵养 __ 25
8. 记住，并不是努力就能得到所有 __ 28

第2章　与自己和解才不会太累

1. 抗拒伤痛让你越发脆弱，直面痛苦才能变得强大 __ 34
2. 当我们深陷痛苦之中，不妨自己拥抱自己 __ 38
3. 卸下伪装的坚强，做真实的自己 __ 42
4. 容许适度自我怀疑 __ 45
5. 不对自己过分苛求 __ 49
6. 丢掉面具，活出你自己 __ 53

唯有柔软，才能精致

第3章　多给别人一些表现的机会

1. 委婉地表达，看破不说破 __ 58
2. 有一种秘密武器，叫善意的谎言 __ 61
3. 有时候，大智若愚比故作聪明可爱得多 __ 65
4. 做最佳配角，不抢他人风头 __ 68
5. 不是主角，就少说两句 __ 72
6. 学会示弱，人人具有同情弱者的天性 __ 76

第4章　百炼刚也能化作绕指柔

1. 你也许是对的，但错在你嗓门太大 __ 80
2. 楚楚可怜，以柔克刚 __ 84
3. 适当撒娇，也是一种调剂 __ 88
4. 羞涩，最令人心动的表情 __ 91
5. 语言加点糖，男人也爱甜言蜜语 __ 94
6. 偶尔"吃醋"也是爱情的调味料 __ 98
7. 优雅女人懂得"回眸一笑百媚生" __ 101

第5章　深谙职场生存规则

1. 聪明女人不做"女强人" __ 106
2. 主动说"我错了",让女人更有魅力 __ 110
3. 多请教,人人都好为人师 __ 113
4. 尊重单位里能力不如你的"老前辈" __ 116
5. 不要盖住上司风头 __ 120
6. 聪明女人不说替上司做决定的话 __ 123

第6章　不张扬显内涵

1. 太有"个性"的女人常常会输了自己 __ 128
2. 清高的女人也要放低姿态 __ 132
3. 别太把自己当回事儿 __ 135
4. 懂得自嘲的女人惹人爱 __ 138
5. 不要随意自夸 __ 141
6. 做了好事也别张扬 __ 145

第7章 成全男人怜香惜玉的英雄情结

1. 做一个懂得示弱的女人 __ 150
2. 在场面上给男人足够的面子 __ 153
3. 主动提出请求，这会让他很有面子 __ 157
4. "你能帮我……"，"笨"女人让男人有成就感 __ 160
5. 男人最爱听"我永远支持你" __ 164
6. 在他的朋友面前骄傲地谈起他 __ 168
7. 不管做什么都和他商量 __ 172

第8章 有一种智慧叫以退为进

1. 适度的忍让，不是懦弱 __ 178
2. 初来乍到学会蛰伏 __ 182
3. 应对抢功，不妨全身而退 __ 185
4. 假装认输，把无谓的胜利让给对方 __ 189
5. "我不干了"的话，再也不要说了 __ 193
6. 欲擒故纵，让男人对你情有独钟 __ 197

第9章　收放自如的爱情会呼吸

1. 你的控制欲，早晚会让他逃离 __ 202
2. 不要太霸道，将自己的意志强加于别人 __ 205
3. 给男人独处的时光 __ 208
4. 不要试图去"修剪"男人 __ 211
5. 男人的事，请不要越俎代庖 __ 214
6. 不要干预他的工作 __ 218
7. 把经济大权让给男人掌管 __ 222
8. 给男人保持兴趣爱好的自由 __ 226

第10章　语气柔婉惹人爱

1. 千万别把"刀子嘴豆腐心"当成一句赞美
2. 用温和的讨论代替争吵 __ 234
3. 先赞扬别人的优点，再指出别人的不足 __ 238
4. 太多的请求让你疲于应付，找个合理的借口说"不" __ 242
5. 求好姐妹办事，说话也要客气 __ 246
6. 意见相左，暂且表示同意，然后再提出自己的观点 __ 250

第 1 章

学会与这个世界温柔相处

WEIYOUROURUAN CAINENGJINGZHI

1

做个有弹性的女人,向幸福出发

诚如毕淑敏所言:"真正的勇敢是富于弹性。"强大与强势是两回事,收起咄咄逼人的气势,敛起毕露的锋芒,不需要太多的压迫感和侵略性,聪明的女子要有自己的"软智慧",落落大方,宠辱不惊。

压力,对于现代女性来说,是再熟悉不过的。在事业和生活中,压力无处不在。它是朋友还是敌人,完全取决于你的态度和处理方法,若能淡然地看待压力,你就是一个快乐的、有弹性的女人。

林徽因自小便与父亲一起去过很多国家,接受了良好的中西方教育。见过大世面的她,在后来那段贫苦的日子里,依然能宠辱不惊。

在四川李庄,林徽因经历了人生中最艰难的岁月。辗转流离的逃难、战争、通货膨胀和回归原始的生活方式。梁家变成了穷人

家，只有最基本的几件衣物。因为家里实在拮据，夫妻二人只能靠典当度日。从梁从诫的回忆录里得知，林徽因夫妻俩总是说这件衣服可以红烧，那块手表可以清炖，那真是一种面对贫寒，面对苦难的微笑。

在如此艰难的岁月里，林徽因依然与丈夫梁思成保持乐观，经常给儿子梁从诫讲米开朗基罗、贝多芬，和儿子一起读《猎人笔记》，丈夫则负责教儿子画画，做各种玩具。他们还一起完成了煌煌之作——《中国建筑史》。对于这段生活，林徽因的儿子梁从诫不胜怀念，他说："我们的生活总是充满欢笑，精神上很富足。"

常言道：一个人承受过了多大的磨难，就会收获多大的荣誉。这句话在林徽因身上得到了很好的印证。

如果生活像块石头一样给你挫折，让你沉重，你会怎样？选择什么样的人生在于自己，如果让自己也像石头般冥顽不化，最终很可能两败俱伤。唯有做有弹性的女人，能屈能伸，姿态柔软，化百炼钢为绕指柔，才能真正无所畏惧，成为自己的正能量。

有一个女孩，她生长在一个普通的家庭，考上了一所名不见经传的大学，毕业后找了一份平常的工作，再后来认识了一个相貌平平的男孩，不温不火地相处着。

突然有一天，不平常的事发生了，一名导演请她在一部戏中饰演王妃的角色。这个普通的女子依然心平气和地接受了，开始了长达两年的"王妃"生涯。

由于她是故事中的女主角，所以一切都以她为中心。导演对她关怀备至，其他演员也众星捧月般地讨好她，最后，她终于能够驾轻就熟地扮演"王妃"了。她总是时刻告诉自己：我是王妃！我是王妃！戏里戏外，她都流露出"王妃"的姿态，甚至对待自己的家人和男友也是如此。

不久，男友离她而去，就连以她为傲的小侄女也不愿意见这个"王妃"姑姑了。平时和她友好相处的朋友也都与她疏远了。

最后，只能在戏里演主角，而不能回归生活的她陷入了极大的痛苦中。

如果把人生比作舞台，那么上台下台就是再平常不过的事情了。上台当然自在，下台难免神伤，这是人之常情。只有上台下台都自在，主角、配角都能演的人，才是真正的强者和智者。

周国平说："弹性是性格的张力。"有弹性的女人，性格柔韧、伸缩自如。这样的女人善于妥协，也善于在妥协中巧妙地坚持，并不是一味地表现为固执己见。

对于女性来说，懂得示弱是一种生活艺术。有些自卑的女人，为了保护或者掩饰自己，往往在言行上会刻意表现出和内心相反的强势，让所有和她有交往的人感觉不舒服、不快乐。只有自信的女人，才能够活得有弹性，令人放松。

的确，生活中的琐事很让人烦躁，最大的难处在于处理各方面的平衡。做一个知性、有弹性的女人，需要我们不断地进行适当的调整，让这些弹性给你的生活带去另一种全新的幸福感受。

2

追求十全十美的生活只会带来烦恼

生活中的许多女性,为了追求完美的身材,不停地尝试各种减肥药,甚至还常常绝食,可是最后,非但没有拥有完美的身材,反而还失掉了健康。工作中也是如此,许多人对细节苛求完美,对自己要求过分严格,使自己长期处于紧张和焦虑中,结果,非但工作无法做到精益求精,自己的精神还抑郁了。

美国作家厄尼斯特·科兹曾经说:"人们为什么会忧郁、烦恼、焦虑和恐惧?根本原因在于我们的内心是分裂的,分裂让我们的心灵始终处于被撕扯的状态,痛苦不堪。有时,这种心灵的痛苦甚至比肉体的痛苦更为剧烈。"那么,是什么东西在撕扯分裂我们的心灵呢?罪魁祸首就是我们头脑中有一个自我的幻象,这个幻象完美无缺,无所不能,可以掌控一切。

完美虽是一句极具诱惑力的口号,却也是一个漂亮的陷阱。

在莎士比亚的剧作《无事生非》中有这样一幕:

贝特丽丝:"那位先生的面孔多么阴沉!我每一次看见他,心里总要有一个小时不好过。"

希罗:"他有一种很忧郁的气质。"

贝特丽丝:"要是把他跟培尼狄克折中一下,那就是个完美的人啦,一个像是泥塑木雕,老是一言不发;一个却像骄纵惯了的小少爷,总是叽里呱啦地说个不停。"

里奥那托:"那么就把培尼狄克先生的半条舌头放在约翰伯爵的嘴里,把约翰伯爵的半副心事面孔装在培尼狄克先生脸上好了。"

贝特丽丝:"叔叔,再加上一双好腿,一对好脚,袋子里有几个钱,这样一个男人,世上无论哪个女人都愿意嫁给他的,只要他能够得到她的欢心。"

里奥那托:"真的,侄女,你要是说话这样刻薄,我看你一辈子也嫁不出去。"

关于爱情,曾经有人这样说:"人没有资格苛求爱情完美,因为你本身就不完美,所以你的同类也是如此。"贝特丽丝是莎士比亚笔下塑造的比较成功的一个女性角色,她就是一个过分苛求完美的人,她对自己所见过的男子均要进行一番苛刻的品头论足,至少在她和叔叔议论自己心目中的完美男人时,她的表现就是这样。后来叔叔让她描述她未来丈夫时,她这样说:"有胡子的人年纪一定不小了,没有胡子的人,算不得须眉男子;我不要一个老头子做我的丈夫,也不愿意嫁给一个没有丈夫气的男人"。

追求完美,可以说是人的一种天性,这本身并没有什么不好。

但所谓"过犹不及",万事万物都要讲究一个度,过了这个度,不但不会变得更好,反而会越来越坏。追求更好、更加的完美没有错,但如果是追求本不存在的"绝对完美",那必将会是水月镜花,竹篮打水。

在婚恋交友节目《非诚勿扰》的一期中,有一个女嘉宾在牵手成功后说了一句话:"其实我们都是不完美的,我们理想的那个人还未出生,我们对待别人应该多一点宽容和理解,少一点责备和埋怨。"

女人说:"这个世上的男人有才华的长得丑;长得帅的挣钱少;挣钱多的不顾家;会顾家的没出息;有出息的不浪漫;会浪漫的靠不住;靠得住的又窝囊。"

而男人则说:"这个世上的女人漂亮的不下厨房;下厨房的不温柔;温柔的没主见;有主见的没女人味;有女人味的乱花钱;不乱花钱的不时尚;时尚的不放心;放心的没法看。"

世上没有完美的人生,如果有,那也只能出现在剧本里,而人生不是剧本,不可能有排练,也不会重来。真实的人生不会永远都是一帆风顺,想要体会一个真实的世界,就要接受生活中的那些小瑕疵。

她一个人外出旅游,因为当地盛产玉石,所以她决定买块翡翠坯料,请雕刻家雕个挂件。她害怕自己不懂,买到假货,于是就找了个懂行的朋友帮着挑选。

她与朋友一起来到玉料市场,在一个摊位上,她看中了一块玉。那块玉光润通透,通体莹白,非常好看。但是朋友却说:"这不是翡翠,而是与翡翠伴生的水沫子,是假货,不值钱。"

在另一个摊位上,她又看好了一块,这块色彩斑斓,没有一丝杂质,她非常喜欢。可是朋友又说:"这也不是什么好货色,虽然看着漂亮,但却是经过化学药剂处理的,值不了什么钱。"

之后,她又挑选了几块,但是都被朋友否决了,最后,朋友对她摇了摇头笑道:"看来你的确是个外行,还是我来给你选吧。"

朋友走到一个摊位前,拿起一块毛料,仔细地看了半天,而后递给她说:"就这块,你看怎么样?"

她接过来在手里端详了半天,表情似乎不是太满意,她说:"这还不如前面看到的那两块呢,不过你是行家,你说好那就是真的好。"

朋友笑了笑说:"这才是真正的天然翡翠,没有杂质的翡翠是不存在的。要想买真货就必须接受里面的杂质。"

真正的翡翠不可能没有瑕疵,真正的生活也不可能完美无缺。生活正如翡翠一样,正是因为存在些许瑕疵,才呈现出真实之美。

曾有一位夫人在谈论自己的家庭时,说道:"刚结婚的几年,我把闲暇的时间都花在了与丈夫争执该谁做饭、谁洗碗的问题上了。幸运的是,我们的婚姻维持到了我明白该如何解决问题的那一天。我发现他似乎更喜欢做饭,而我从不介意洗碗的差事。我们原来可以避免这么多的争吵!"

无论做什么事情,我们都要学会适可而止,如果不达到想象中的十全十美就誓不罢休,那就是在和自己较劲,长此以往,只会让自己的心结系得越来越大,越来越紧。

3

与其抱怨世界不公,不如努力改变自己

我们每一个人从降生到这个世界上的那一刻开始,成长环境和家庭背景就注定了,这些都是无法改变的,就像有人生来就继承父母漂亮的脸蛋,有人生来就继承父母卓越的智商,而有人一生下来就注定是千万财富的继承者。

比尔·盖茨有一个座右铭:"这个世界本来就是不公平的!"但这句话不是我们颓废和自暴自弃的理由。我们不该抱怨世界不公平,因为人生就是为了和不公平做斗争,出身贫寒的人,也照样可以白手起家。

戈壁滩上落下了两粒种子。一粒种子惊呼道:"天哪,太阳这么毒辣,天气这么炎热,连一点水都没有,这可让我怎么活呀!"于是,它在唠唠叨叨的抱怨中死了。

而另一粒种子却没有丝毫抱怨,它只是默默地把根向地下扎去,用尽力气吸取着每一点水分,它说:"我应该是一棵树,我的

责任就是为大地添一分绿色。"最终，它长成了一棵胡杨，拥有了能抵抗风沙的躯干。几百年后，这片戈壁变成了一片绿洲，因为这里出现了一大片胡杨林。

每个人都是与众不同的个体，从出生那一刻开始，就开始了一条只属于自己的漫漫人生路，虽然不在同一个起跑线上，但也因此有了不一样的沿途风景。抱怨没有任何意义，至多不过是暂时的发泄，不但得不到什么结果，甚至可能会让我们失去更多的东西。

在2002年的足球世界杯上，意大利队在八分之一决赛中输给了韩国队，愤怒的意大利人大肆攻击裁判，甚至还有人围攻韩国和厄瓜多尔的驻意大利使馆。然而，当时任中国队主教练的米卢却这样说："作为三届世界杯的冠军得主，意大利人在批评裁判时，更应该想想自己的表现是否合格。裁判在上半场判给韩国队的点球毫无争议，意大利后卫禁区犯规的动作非常明显。而至于加时赛给托蒂的第二张黄牌，是有些严重了，但这绝对不能成为输球的理由，输球的根本原因是意大利队本身表现不佳。"

有的时候，客观的条件也许并不是很公平，但是"命运是掌握在自己手中的"。只要我们在面对不公平的事情时，积极而努力地去改变自己，就会有更好的结果出现。

有一个女孩从小就立志做一名优秀的运动员。但是她个子矮，手脚粗短，根本不符合体校的要求，体校的大门没能向她敞开。于是，她跟父亲学起了乒乓球，一学就是5年。后来父亲将她送到省乒乓球队去深造。然而，去后不久，她就因为没有发展前途

而被退了回来。倔强的她并未因此而怨天尤人，相反训练得更加刻苦。

1986年，年仅13岁的她，临时顶替河南省代表队一名生病的运动员参加全国乒乓球锦标赛。然而，这个替人上场的矮个子姑娘却爆出了本届乒乓球赛的最大冷门，她接连击败了几位在当时很有名气的"国手"，一举登上了冠军宝座。

赛后，这位曾被判为"没有发展前途"的小姑娘，成了国家乒乓球队副教练、女队主教练张燮林手下的一名女弟子。从此，开始了她称霸国际乒乓球坛之路。自从她1986年拿到第一个全国乒乓球锦标赛的冠军开始，到1997年5月的第四十四届世界乒乓球锦标赛，在短短的11年间，她一共在各种全国性和世界性乒乓球大赛中拿到153个冠军，成为名副其实的"乒乓皇后"，她的名字叫作邓亚萍。

邓亚萍曾经这样说："我并不信命。每个人的命运都掌握在自己手里。有人说我命好，为世界乒坛创造出了一个'常胜将军'的奇迹。我觉得，我可能天生就是打乒乓球的命，但上帝不会将冠军的桂冠戴在一个未真诚付出汗水、泪水、心血和智慧的运动员身上，我自己满身的伤病就是证明。"

俗话说，"满桶水不响，半桶响叮当"。装了半桶灾难的人一直都在喋喋不休地抱怨不公平，而装了一桶灾难的人却默默不语地忍受着，努力奋斗。许多人从懂事起就总是在抱怨，抱怨自己生不逢时，没有出生于名门贵族，不是绝顶聪明，却从来没有想过自己是否付出过辛勤和汗水。

陈胜起义的时候,说过一句话:"王侯将相宁有种乎。"这个世界并不是只有比尔·盖茨能够缔造IT神话,也并不是只有亨利·福特能够驰骋汽车王国,只要努力了,轮椅上也能出科学家,病床上照样可以出建筑师。

这个世界本来就没有绝对的公平,我们的抱怨没有任何意义,在工作中一味地抱怨,反而只会让自己离成功越来越远。其实,当我们定下心来,踏实工作,努力奋斗,不再抱怨,不再怨天尤人的时候,成功也许就会来敲门了。

4

坦然面对自己受到的委屈

人生就像变幻莫测的天气一样，不顺利的事太多了。比如，当你在家庭中受到了亲人的数落后，你会觉得失落至极；当你在生活中遇到别人误解时，你会感到气愤和委屈；当你在仕途中遇到不顺时，你会怨天尤人，消极以待。女人常常觉得委屈，其原因并不在于她们真的认为太辛苦，而在于默默做完一切后不仅得不到应有的尊重，反而还要受到鄙薄。

一位刚从省城师范大学毕业的女学生，从都市来到偏僻的乡村学校，对新生活充满了憧憬，但是她发现校长和同事们对自己并无多大的好感。

她尽力想接近身边的几位女同事，与她们搞好关系。可是，虽然年龄相仿，但她们的生活经历、思想起点、知识教养、爱好情趣、生活习惯等都与自己有许多明显的差异。而且女同事们在长期交往中，已形成一个固定的圈子，所以她被接纳的可能性不太大。

校长的态度也让她感到难过,校长认为城里女孩总免不了有点娇气,不能吃苦;没正式上过讲台,教学经验少,一下子适应不了;派头、手势、习惯都让人看不惯。她感觉到校长对自己没有特别的关心和热情。这种态度,与她心中期望的有很大的差距。

在这种情况下,她并没有灰心,决定用自己的热情来面对。经过努力,她终于获得了校长的好感和同事的接纳。她经常以各种借口主动接近别人,寻找相互了解的机会,通过教学实践、集体活动等,她尽量使自己符合"新来的女教师"这一角色规范;在日常交往中,她真挚坦诚、平等对待他人,热心帮助有困难的同事,自己有困难时也同样求助于人;在合适的交谈机会中,她又使别人了解自己的抱负、心愿,用实际行动缩短了她与同事之间的心理距离,使她们更全面地了解她,并开始接受她。

在生活中,我们多多少少会碰到些让自己感到委屈的事情,如被人误解、冤枉或是背黑锅,等等。

每个人都会受到误解,越优秀的女人,受到的误解就越多。虽然受到委屈心里很难过,但是一定要朝着自己的目标坚定不移地走下去,无论你是不是被"大家"所看好,都要相信自己。

董卿说过:"当然会遇到困难,也会有孤独和无助的时候,但我相信任何一段生命的过程都有它独特的意义,就算有人不理解甚至误读……我依然认为生命的意义在于开拓而不是固守,无论什么时候我们都不应该失去前行的勇气。"

雪竹在处理婆媳关系上就很有一套。对待婆婆,雪竹在几个儿媳妇里不是出力最多的,却是名声最好的。过年过节,如果雪竹还没到,婆婆绝对不开席。婆婆家有个什么事,都会问问雪竹的意见,这点连几个小姑子都很嫉妒。

雪竹很会为人处事,逢年过节礼数绝对不少,老人家的生日更是重视,平时也会常常给老人买些小礼物,时不时还买些婆婆爱吃的点心,把老人家哄得开心极了。有时即使在有的事情上吃亏了,雪竹也绝对不闹,只要记得吸取教训就是了。

雪竹说道:"你不能要求婆婆像亲妈一样疼你,但是你一定要以对待亲妈的心态来对待婆婆。处处要做到尊敬和礼貌,即使受了再大的委屈,也不能当场发作,毕竟她是你深爱的人的母亲。"

家往往承载着女人太多的梦想和骄傲,不满也好,委屈也罢,生活总得过下去。聪明的女人明白与其抱着难受的心情生活,不如从自身做起改善关系的道理。受点委屈算什么,我们应该做些让步,学着宽容一点儿,这样家庭才会和睦。

女人大都是感性的,比较容易受外界事物的影响。被丈夫误解了,孩子哭闹了,公交车上被人踩脚了,被疾驰而过的汽车溅了一身污水了,等等。生活中各种各样琐碎小事都可能成为女人火冒三丈的原因。

尝试"以热对冷",可以使对方"升温"。在对方对自己印象不好或产生误会的时候,你可能一时地难以使对方回心转意。这时候,你如果继续以一种热情的态度对待,直到对方了解你,误会也会消除。因此,当对方误解你时,你需要耐心等待机会,用热心去对待。

当然，还要学会反思和自省。反思原因所在，然后通过自省改进表达沟通的方式，坦然接受并勇敢面对。真诚地解剖自己，发现过错及时弥补。

坚持清者自清，浊者自浊，走自己的路，不理睬别人的是非评说，让时间去说明一切，是一种淡泊的境界。

5

用以德报怨的宽容感化对方

正如马克·吐温说过:"蔷薇花虽然被你踩死了,但她却把最后一刻的香味留在了你的脚上"。在竞争激烈的现代社会,人与人之间发生摩擦在所难免,吃亏、被误解、受委屈一类的事也是经常发生。没有人愿意这样的事情发生在自己身上,但一旦发生了,最明智的选择就是宽容。

职场中最不幸的莫过于有一个处处和你作对的同事,景文曾经就有这么一位上司:她三十五六岁,看上去却像40多岁。虽然景文已经30岁了,但她的皮肤和气质绝对是同龄女人中数一数二的,因此这位女上司特别嫉妒景文的美貌,自打景文来到公司,她的这位女上司就没少给她气受。

对别人的错误,这位女上司可能马马虎虎地就过去了,而景文由于堵车迟到一分钟她都会记上,然后等着月底扣工资。最让景文无法忍受的是,有一次她因为工作上出了一点小差错,女上司竟然当着全公司员工的面大骂景文,"没有责任心,没见过你这样的笨蛋"之类的话统统说了出来。景文觉得自己的自尊心受到了极大的伤害,于是当场就爆发了,说道:"我今天受到的侮辱,我会加倍偿还的!"就这样,景文带着愤怒辞职了。

一转眼五年过去了,景文结了婚,她的丈夫是当地很有名的富商,有一家上市公司。由于业务上的需要,景文找到了当初自己工作过的企业总经理,希望有进一步的合作。这时,正巧公司近来决定裁员,而景文原来的女上司就名列其中。女上司认为一定是景文在其中使了坏,于是什么都没说气冲冲地就走出了经理办公室。可让她没想到的是,第二天,她接到了经理的电话,说暂时不打算裁她了,这让她非常纳闷,心想:景文这个女人怎么能这么轻易就放过自己呢?

后来,她得知这次取消裁员的决定竟然是景文拜托公司领导的。景文跟公司领导说,以前她在柯姐(女上司)手下做事,知道柯姐的能力,公司如果辞了她,一定会受损失的,这才使她幸免。此时,这位女上司只觉得脸上发热,眼中充满了愧疚的泪水。

在职场上,很多人都有类似的经历。在同事中,有没有与你"有过误会"和"有过节"的人,现在相处如何?把过去的事情忘掉,事情好办得多;如果不忘掉,那只能往一个路上走——报复、拆台、争斗、争吵,最终只能跑到一条死胡同,除了心理上的一时满足,让上司认为你不懂大局,还能得到什么?

换个角度,与人方便,与己方便,把误解和过失说开,相互理解,化解矛盾,融洽相处,"多个朋友多条路""忍一时,风平

浪静;退一步,海阔天空",你的道路会更加宽广。宽容不仅包含着理解和原谅,更显示出气度和胸襟。宽容的是别人,快乐的是自己。往往有时候因为你的宽容能改变别人的一生。

艾米凭借着出色的能力和踏实肯干的态度,入职半年便升到了主管的位置上,这让很多跟艾米同时进入公司的同事和一些老员工都羡慕不已。

可艾米刚升职没多久,就在同事之间听到了这样的闲话,说她之所以能上升得那么快,是因为她和部门的李经理有暧昧关系,这让艾米深感委屈。很快她便知道了这个谣言的制造者是谁,同事们都猜想艾米一定会给这个人"小鞋"穿,但艾米并没有这么做。

艾米还是一如既往地公平对待每一个人,甚至当那个谣言制造者有所成就时,还当众表扬了她,并将其成就汇报给了上级领导。

后来,艾米的谣言传到了老总的耳朵里,老总深知她和李经理的为人,也替他们二人感到不平。但当他得知艾米这种宽容的做法后,更是对她另眼相看,觉得艾米具有大将风范,而且在她的带领下,公司业绩确实增长了不少,于是将她提到了副总经理的位置。

由于艾米洁身自爱的作风,不久后,那个谣言也就不攻自破了。没有人再提起类似这样的事情,反而更加敬重艾米的为人。

聪明的女人就是有芳香予人的气度,即使别人践踏了你,你留在他脚下的香气,会让他终生都觉得无地自容,这才是聪明女人最有力的反击。

女人在处世的时候,以德报怨的宽容,可以感化对方,从而能化干戈为玉帛,公理自在人心,对方或旁人自会看到你博大为怀的修养。同时,你已经在无形之中投资了一笔人情,而且极有可能是"一本万利"的最佳投资。

6

怀着一颗平常心，笑对人生

女人有追求固然很好，但是一味地想要追求太多东西，结果往往会使自己身心疲惫，难免会使自己陷入抱怨的怪圈，毫无快乐和幸福。聪明的女人要学会懂得知足，怀着一颗平常心才能做到知足常乐。

曾经有人这样评价关牧村，说她的歌声是"歌遏行云"，为人作艺是"德艺双馨"。作为我国著名女中音歌唱家，她对自己的人生概括却是：平常心是道，简单生活是福。在她看来，不要把自己当成什么，才是什么；要把自己当成什么了，就不是什么了。

演出中，她是观众眼中有着很高造诣的艺术家。回到家，在丈夫的眼里，她只是一个普通的妻子，最拿手的菜是牛尾萝卜汤和包饺子。在儿子的眼里，她是一位和蔼的母亲，三八妇女节收到儿子的短信祝福时，高兴极了。她的业余生活就是读书，和朋友聊天、旅游，看《动物世界》。

因为拥有这样一颗平常心，关牧村成功地扮演了艺术家、妻子、母亲三个不同的角色，她付出了更多的耐心和爱心，也收获了更多。

现在，有很多女性过了35岁就很难找到工作，甚至有些单位根本不愿意招聘女性，有人问关牧村怎么看待这种现象？她讲到，其实中年女人更成熟、做事情更容易成功。她认为，中年女性不要失去信心。当生活遇到了挫折，以平常心对待，不要看轻自己，从容淡定的自信才是最重要的。

不惧容颜流逝是平常心。对于一个女人而言，如果越抗拒变老就只会老得越快，因为她的心接受不了，她就会惶恐不安，而紧张焦虑只会使一个女人更快地老去。张曼玉说，她不紧张、不在意老去，像奥黛丽·赫本那样优雅地老去也是一种幸福。而现在，对于50有余的她，因为拥有了一颗平常心，所以成就了她自己如花蜜般优雅的纯粹。

刘德华曾说："在台湾，身高170公分以上的女人，林志玲最好看；170公分以下的，贾静雯最美。"仅仅四年前，贾静雯曾连续被《男人帮》评为全球前十位最受注目的完美女性，美丽和荣耀像焰火璀璨天空，然而就在青春盛宴的最高潮时，她突然淡出了人们的视线。结婚生子，像所有女人那样，带孩子，过着柴米油盐的平淡生活。

贾静雯说："生命的养分其实要用平常心去接纳。"卸掉了舞台装，贾静雯希望做回一个女儿、一个母亲，她说这时候才能体

会到人生真正的幸福。

贾静雯沉寂了三年时光,为了侍奉重病的母亲,她又把复出的计划推迟了一年。2008年,她终于回到了银幕荧屏之上,回到了喜爱她的人们的视野中。

在呵护家庭、感情生活的同时,维护个人的独立、自由。现在的她全身都散发着成熟女人既感性又优雅含蓄的味道。

作为一个女人,不要指望自己的每一次付出都能得到回报,如果你抱着一颗平常心,敞开自己的胸怀,拿出自己的气度,在日常的工作、生活中,多多体谅别人,只管耕耘,不问收获,你最终必然会得到丰厚的回报。

伏契克曾经说过:"应该笑着去面对人生,不管一切如何。"经常听到有些女性朋友在抱怨:孩子不争气,考试又没拿到第一名;老公没本事,还没到中年却仕途不佳;自己体型太胖,和时髦的服饰无缘;工作压力太大,每天累得喘不过气来;薪水太少,购物还要精打细算……

每个女人都有自己的生活方式,作为拥有满意工作的职业女性,工作中安守本分、辛勤敬业,那么就会很轻松地拥有一段愉快的人生;作为全职太太,在家中任劳任怨地忙碌,相夫教子,那么,她的家庭也会更加幸福美满。

带着一颗平常心,怀着一种感恩的心去面对当下所拥有的生活,理性地看待问题,才不会被贪婪冲破头脑。

在追求物质享受、财富利益、荣誉功利等方面,女人要怀着一颗平常心,学会懂得知足。如果任凭贪欲过度膨胀,有了还想要更多，总有一天会被贪婪的气球炸破心智。而在个人能力、潜质的挖掘提高上，必须不满足。因为，只有为了实现自己的奋斗目标去孜孜不倦地追求，才能实现自己的人生价值。

　　拥有一颗平常心的女人，会安于自己的选择，珍惜自己想得到并已得到的，不会去觊觎别人的成就，这样的女人优雅而从容。刻意地追求完美，却弄得自己伤痕累累，这是不可取的。有所得必有所失，失之东隅收之桑榆，这是自古常理，平心静气地做好自己的事情才是硬道理。如果定下了目标但仍战战兢兢，就要想想自己的能力是否足够达到目标，而改变这种慌张需要的就是一颗平常心。平常心态有时比什么都重要，只要试着改变自己，培养好的心态，就会对生活重新燃起热情和希望。

7

遭遇不公，也要保持应有的涵养

女人大多比较感性，情绪会很容易受到外界事物的影响，容易激动。生活中一些琐碎的小事，都会使一个女人变得不理智。但是，如果你不想毁坏自己的形象，最好保持最基本的涵养。

声嘶力竭比不上莞尔一笑，争长叫短比不上一丝礼让。遭遇不公，反击只是下下策，不仅不会找回好心情，反而会令彼此心怀芥蒂。

陈思瑶新买了一双漂亮的高跟鞋，清晨穿着它去上班，路上却被人踩了一脚。看着新鞋子留下了难看的污迹，还有些变形，陈思瑶怒火中烧。于是得理不饶人地和对方大吵了一架，结果，弄得彼此闷闷不乐地去上班。

后来，再遇到这种事情，陈思瑶虽然心疼，但还是不介意地笑笑，幽默地说上一句："是不是我的鞋子太好看了？"有一次，她竟然因此结识了一个朋友，对方说："我从你的表现中看到了你的涵养和气度,所以希望能和你这样的人做朋友。"

"笑一笑,其实没什么大不了。"生活本就是由一些陈芝麻烂谷子的小事拼凑而成,如果凡事都去计较,争个你死我活,这样的生活除了战争,也就没什么幸福可言。

声嘶力竭会彻底丢掉你的自尊,让他人误以为你是个没有涵养、肤浅庸俗的女人,形象气质全无的女人是毫无魅力的空壳,不会受到他人的青睐与喜爱。

有涵养的女人,懂得忍耐、宽容,浑身散发着成熟的韵味。用淡然、幽默来面对无法改变的事实,将大事化小,小事化无。

不少女人将赵雅芝作为心中的偶像。《新白娘娘子传奇》中赵雅芝端庄贤淑的气质深深地吸引了无数美慕的眼球。

年过60的赵雅芝依然优雅美丽,观众中喜爱她的人不分男女老幼,很多港台艺人都把赵雅芝视为完美女人。赵雅芝总是温文尔雅,从影四十多年,从来没见她在媒体面前发脾气。一方面是因为赵雅芝性格比较温和,另一方面就是她能控制自己的情绪。对于控制情绪,她自有一番心得,"我也是人,也有生气的时候。但是我发脾气不多,因为我觉得发脾气要是没有用的,也达不到效果,既伤了自己,也伤了别人的感情,那划不来"。

有无涵养,关乎女人的人气指标,因此,女人必须学会控制自己的情绪,否则,小不忍则美全无,既失自尊,也失优雅。给那些不友好的人善意的微笑,既能让自己保持一种冷静的心态,又能让

对方感到你强大的内心。

幸福掌握在自己手中,掌控好自己的情绪,别太计较谁对谁错,"人无千日好,花无百日红",乐观积极地面对人生,烦恼自然会自动消失,而快乐会无处不在。

"退一步,海阔天空"不必太在意公平不公平,人生最重要的是幸福,如果事事太计较,又哪里来的时间去感悟快乐,感悟人生的美好。

有涵养的女人从容而淡定,心胸豁达。一颦一笑都携着暖人的温馨,既有春雨润万物的慈爱,也有碧波风扶柳的柔美,将女子的美展现得淋漓尽致,莞尔一笑,千愁万绪随风而散。

■ 8

记住,并不是努力就能得到所有

不努力,我们可能什么都得不到。但也并不是只要努力,就什么都可以得到。面对生活,每个人都有无能为力的时候。在坚硬的世界面前,我们必须承认自己的脆弱和渺小,才能活得坦然。

杜颖倩在庆祝公司成立十周年的宴会上喝醉了酒,旁边坐着的是销售部总监汪喆,她醉醺醺地对汪喆说:"说到学历,我比你高,说到勤奋刻苦,你也不如我,可是我却不能坐到你的位置上。三年过去了,我从没有停止过积极进取,有时候为了完成一个项目两天两夜不休息,可我就是没法跟你比,我不甘心,你告诉我这是为什么?"

汪喆一脸愕然地看着杜颖倩,平时看她在公司里像男人一样拼命工作,原来是为了想要顶替自己的位置。不容易啊,汪喆给她倒了一杯醒酒茶,说道:"你认为只要刻苦勤奋就能够升职?能够挣到钱了吗?我从来不觉得只靠努力就能够赚更多的钱。你真的想

过这份工作适合你吗?看看那些奔跑在原野上的斑马,奔跑才是它们的本能,再看看那些拴在磨前的驴,它无时无刻不在努力着想要奔跑,可是它只能围着磨转。久而久之,等把绳子剪断的时候,它已经被心底的绳子束缚,只知道围着磨转,然而它依然是在努力想要去奔跑。"

杜颖倩含混不清地听汪喆讲完,她笑着说:"你是说我就是那头驴吧?选择了一份不太适合的工作,就算我再怎么努力,也只能在一定的范围内转圈圈。关键是我真的很喜欢这份工作。"

汪喆含笑地说:"喜欢不一定有能力拥有,努力并不一定就会有收获,我同样向往总经理的职务,但是我的长处仅仅是做一个销售总监,在这个职位上,我有能力让自己发光发热,为什么要强求自己执着于那个可望而不可及的位置呢?"

不要以为只要有一个伟大的梦想,再花上十几年的时间奋斗,就一定会有所成。有好的想法和努力固然很好,但只靠这些并不能成就你。成功需要天时、地利、人和,缺一不可。"金屋成败瓦,玉堂生春草"在如今的社会已经不再大惊小怪。

生活中无论是工作或者其他事物不是喜欢就适合,如果不适合再努力也是枉然,与其将精力浪费在不适合的地方,不如早早放手,认真审视自己,了解自身,归结出真正属于自己的道路。

幸福的爱情、婚姻、家庭是我们梦寐以求的渴望。因此我们怀揣着对幸福生活的完美梦幻苛求爱情的到来,却不想一次次的努力与牺牲都是在让旺盛的烛火在现实面前残喘。

姜琳到一家出版社当责任编辑，由于是新环境，对这里的工作流程不是很熟悉，所以老板让原来的编辑卢恒先带姜琳一段时间。

卢恒相貌一般，却有着很独特的气质，儒雅与放荡不羁的洒脱在他身上彰显得相当和谐。姜琳曾幻想过自己心目中的另一半，与卢恒简直切合到了极点。姜琳知道属于她的爱情来了。

几天的相处，姜琳挖空心思想时刻与卢恒在一起，讨好称赞对方，依据他喜欢的女孩类型，然后改变自己。卢恒看出了姜琳的心思，但没有表明。直到他调任的前一天晚上，姜琳约卢恒吃饭，趁机表白，卢恒很爽快地答应了与她交往，这让姜琳喜出望外。后来分隔两地，姜琳为了牢牢抓住卢恒的心，奉献了自己。卢恒对她也很体贴。

但是，美好的爱情总是很短暂，卢恒很快爱上了新单位的另一个女同事。两个人如胶似漆，天天在一起。卢恒告诉姜琳自己要和那个女人结婚，可是姜琳不死心，几乎天天给卢恒打电话，说尽甜言蜜语和好话。后来卢恒换了号码，姜琳去了他的单位，但已经人走茶凉。

付出了努力，就一定会有收获吗？爱情是相互的，当你一厢情愿地为了爱而拼命努力的时候，你心底的那个人或许只是为了摆脱内心的空虚而勉强接受你。如果你知道对方不爱你，但依然固执地做出牺牲，你得到的将不是爱情，而是对方的反感，即使他留在你身边，也只是个随时会离去的空壳。明明不爱，为何强求，最后苦了自己。

找到工作就想要升职,遇到了爱情就想要结婚,人的七情六欲无止无休。我们怀揣着激情,为了心中的一个"愿"字而努力着。面对选择往往就在一念之间,但是是非却很难判定,我们总是为了某种信念而去朝着目标死奔,不撞南墙绝不回头。

我们生活在这个世上,无不渴望万事如意、生活完美幸福。我们必须知道自己真正需要的是什么,不会为了那达不到的目标而虚耗自己的生命。

工作会有的,爱情会有的,婚姻家庭统统都会有。让我们理智些,从容面对生活中的种种诱惑,不再为过去的失败而耿耿于怀。立定脚步,回望来时路,原来风景依旧美好,只是我们过于苦苦追求,错过了太多。"山重水复疑无路,柳暗花明又一村",既然那些都是浮云,忘记吧,好好珍惜当下你所拥有的。

第2章 与自己和解才不会太累

WEIYOUROURUAN CAINENGJINGZHI

■ 1

抗拒伤痛让你愈发脆弱，直面痛苦才能变得强大

当痛苦像冰雹一样突降，很多女人就像鸵鸟被逼得走投无路时一样，把头钻进沙子，以为看不见就是安全。这种"掩耳盗铃"的应对方式，并不能减少伤痛的力度，反而会加深内心的痛苦。

通常情况下，痛苦并不是灾难发生时的事件，而是在于日后我们的回忆，总会一而再再而三地想起那件事，而在每次回忆时，那种情绪便又上来，周而复始。当我们在这种情绪中沉溺时，就会一直背负过去的痛苦，无法在生活中体验美好的感觉。聪明的女人懂得痛苦来临时，直面它，因为你无处可逃。

释迦牟尼佛在世时，一位名字叫奇莎格达莱的女人，正在为自己死去的孩子而难过。她不能接受孩子离开她的事实，到处寻访名医，希望可以找到挽救她孩子性命的药物。听说释迦牟尼佛有这样一帖药，女人便来到了佛祖面前，请求道：

"您能给我起死回生的药，让我救活我的孩子吗？"

"我是知道这种药。"佛祖回答道:"不过我需要一些做药的原料。"

女人舒了一口气,问道:"您需要哪些原料呢?"

"给我一把芥菜的种子。我要的芥菜种子必须来自一个从没有孩子、配偶、父母或仆人死亡过的家庭。"佛祖说。

女人便开始一家家去找芥菜的种子,每个人家都答应给她一把芥菜种子,但是当她问及是否家中有人死亡时,才发现每个人的家中都有人死过。一家死了女儿,一家死了丈夫或父母,一家死了仆人。

奇莎格达莱没有找到任何一家可以免于死亡痛苦的家庭。终于,她明白了世上不是只有她一个人受苦,她放下了儿子的尸体,回到佛祖身边。

佛祖慈悲地对她说:"你因为失去儿子而痛苦,但是死亡的规律是没有人能幸免的,世间没有永恒的事。"

每个女人都会经历心灵的伤痛,比如失恋,如果你通过醉酒来逃避,等酒醒了,你会发现你依然摆脱不了失恋的痛。所以,不如勇敢地去面对,告诉自己他确实已经离开,给自己几天的时间尽情去感伤,想他以前种种的好与坏,哭也好,痛也好,笑也好,唱也好,一直想到没有可想的,再回到现实中来,去做自己该做的事。

其实,痛苦产生的原因就是抗拒,正是我们情感的斗争使痛苦的感觉更强烈。如果能让这些感觉自由表达,痛苦就会减少,反之则会加重这种情绪。因为无论选择何种途径来逃避面对痛苦,痛苦终究还是存在的。,我们要明白,当现实无法改变时,我们必须坦然去面对。

张少兰的父亲因为癌症离世，父亲是她最尊重和亲近的人。当时人人都惊讶于张少兰如此从容地接受了这个事实。"当然我很伤心。"她用很压抑的语调说："但是我真的没有问题，我当然想念我的父亲，但是生活还是要继续。而且我现在也不能够将心思都放在想念他的身上，我要安排葬礼，替我妈妈处理他的遗产，我不会有问题的。"

但葬礼过后不久，张少兰却陷入了沮丧、失落的痛苦中不能自拔，最后不得不求助心理医生。

心理医生直截了当地对她说："我想你应该花些时间面对自己的内心，从内心里去接纳父亲已经去世的现实，并容许自己伤心。在一段时间内，这可能会让你很难过，但过后你就会感觉好起来。"

泪水从张少兰的眼中涌出，她终于毫无顾忌地哭了出来。心理医生说，让悲痛爆发出来，是她恢复常态的开端，这个过程是她避免不了的，她需要经过这个过程，然后找到心灵的安宁。

张少兰一直极力否认自己的感觉，想要逃避丧失父亲的悲痛。她表示因为自己忙于各种事务而冲淡了因父亲的死而感到的痛苦，她让自己忙起来是为了使自己远离痛苦，但距离并不会消除痛苦，它只会让痛苦埋藏得更深，在心中膨胀。只有面对痛苦，才能真正消除它。正如亨利·努文所说："我自己对待悲伤的经验就是面对它、体验它，这才是使自己精神恢复常态的方法。"

　　看过电影《可爱的骨头》的人一定还记得里面活泼可爱的女孩苏西,影片描述了苏西遇难后,父亲为了追寻凶手差点丧生玉米地。苏西的灵魂注视着亲人失去她的痛苦,同样自身也经历着失去亲人的痛苦和无助。于是,她勇敢地打开了那个沾满血腥和罪恶的屋门,正视自己的悲惨遭遇和死亡的现实,这么做意味着帮助亲人们从失去她的痛苦中解脱出来,也意味着她从此去往天堂,再也见不到家人。

　　当然,在痛苦发生的瞬间,女人都是脆弱的,不必逼自己一下子变得强大,给自己一点时间,去适应黑暗。《乱世佳人》中的主人公斯嘉丽说:"明天又是全新的一天了。"就像在内心播撒种子,我们所要做的就是给种子一点时间。

　　面对挫折,如果一味地埋怨、拖延、抱怨,那么问题永远都会在那儿,而失望、伤心、沮丧等负面的情绪也就会一直缠绕着你。唯有选择面对它,解决它,才能从痛苦中获得成长。

■ 2

当我们深陷痛苦之中，不妨自己拥抱自己

当我们深陷痛苦之中，很想找个理解我们或是可以倾诉的人，将内心的痛苦释放出来，但如果没有这个机会，那么我们就要学会自己给自己一个温暖的怀抱。找个地方，静静地厘清杂糅的思绪，倾听自己心底的声音，去寻求心灵上的抚慰。

杨小仙失恋了，她好孤单、好难过。夜里，她一个人坐在清冷的月光里，"啃"着内心不断翻涌出的痛苦，一次又一次地泪流满面。

她想到朋友默默白天对她说的话："没有人能够真正帮助你走出阴影，你能靠的只有你自己。"

杨小仙慢慢坐起来，张开双臂，用力地抱了抱自己，就像她的男友曾经给她的拥抱一样。但她知道，他再也不会回来了。她将头深深地扎进了自己的怀中，她感受到了母亲的香味、父亲的气味、朋友们的爱和温暖，这些力量把杨小仙紧紧地包围住，小仙知

道自己并没有失去一切。

就这样，小仙开始喜欢经常给自己一个拥抱，无论痛苦、伤心、无助，还是哭泣时，她都能从拥抱自己中汲取到更巨大的能量。

拥抱自己，是对自己的一种鼓励和支持，是一次很好的再出发，也是一种力量。常常拥抱自己、安慰自己，脑内就会分泌出对身体有益的激素，有利于增加体内的抵抗力，从而就会拥有更多的好心情。所谓安慰自己，就是通过积极的自我评价以及对自己适度的宽容，抚慰自己因失败、挫折、不幸而痛苦不堪的心灵。

在生活中遇到各种各样的不幸、委屈和伤害时，诸如被闺蜜抢走了男友，被某个混蛋男人欺骗，职场遭遇抢功，年纪轻轻遭遇病痛，人到中年遭遇婚变，等等。女人总是习惯向别人求拥抱，求安慰。朋友、亲人，甚至同事和领导都是我们倾诉的对象和安抚者，但很多女人都忽略了，在向别人求助的同时，我们更应该学会自我疗伤。在动物的世界里，当苍鹰与猛兽在搏斗中奄奄一息时，当绵羊的腿被荆棘划伤时，当长颈鹿浑身血淋淋地终于摆脱了饿狼的追杀时，当老虎伤痕累累地侥幸从猎人的枪口下逃脱时，它们都会独自在树林的角落、小溪边用舌头舔舐伤口，没有第三者的宽慰，自己的唾液是最好的灵丹妙药，尔后长啸一声或重振羽翼……

"百年人生，逆境十之八九。"遭遇人生的不如意，即便有人陪在你身边，与你一起渡过难关，你也要学会给自己一个拥抱，安慰自己，帮助自己站起来。

首先,停止哭泣,相信"天无绝人之路",相信"逆境不久"的真理,相信自己总有路可走,就等于跨出了困境的第一步。

其次,要相信人生不是苦旅,别把情况看得那么坏。习惯于自我惩罚、自我折磨的女人,一般视野比较狭窄,她们的眼睛只是死死地盯在自己遇到的困难、挫折和失败上,结果把困境看得越来越死,以致被困境压得抬不起头来。其实,看看周围,困境在每个人身上都有所体现,是人人必领的"快餐",并不单属于你一个人。

最后,找到宣泄坏情绪的途径,比如写日记,文字是最好的治愈方式。

眉红在自己30岁时结束了维持5年的婚姻,她没有想到那个曾经与自己海誓山盟的男人就那样轻而易举地背叛了自己,她不得不忍痛离开曾经全身心付出的家庭,被迫开始新的生活。从那时起,她开始写日记,并通过这种方式来治愈内心的伤口。

据美国《赫芬顿邮报》报道,写日记有很多难以置信的好处,写日记是释放情绪的最佳途径,通过记录下所遭遇的困难,心中的伤口可以得到治愈。

不管你是流着泪写下的,还是在愤怒中写下的,那些文字都有神奇的魔力,可以治愈你心中的伤口。因为你知道不会有人看到你写的话,你可以卸下了生活中的面具,面对的是最真实的自己,你的心情可以得以放松。

女人的敏感注定她们会感受到更多的痛苦,朋友安慰的话并

不能化解你内心的悲伤。走出泥泞，走出沼泽，走出痛苦不堪的心境，还要靠你自己。所以，当无边的黑暗无情地笼罩着你时，请不要害怕，让我们学会拥抱着自己，点亮自己手心里的蜡烛，去照亮并温暖自己心灵的天空。

3

卸下伪装的坚强，做真实的自己

女性与男性最大的区别在于，女性先天就具备了柔美、纤细和温婉这些特质，但是，为了满足这个忙碌和飞快发展的社会需求，很多女性选择了隐藏这一天赋，而外展更多的力量是坚强的品质。

每个人都有意志不坚定的时候，再坚强的人也会有软弱的一面。人们往往看到的只是伪装的面具，而不知道面具下面是怎样的一张脸。

周小萌一个懦弱的小女孩，曾经害怕很多东西，怕小虫子，怕黑，怕自己一个人走夜路，怕自己一个人睡觉，怕清晨看不到太阳、夜晚看不到月亮……

不敢面对自己喜欢的人，不敢面对挫折和困难，害怕失败，总是用泪水表达懦弱，侵蚀着内心。

但是，生活真的是个很好的"修剪"师，毕业以后经过社会这个大染缸的洗礼，周小萌已经不再是那个懦弱的女孩，她学会了伪装坚强，甚至可以独当一面，工作上，她不仅能够出色地完成自己的任务，还能不断地帮助他人；生活中，她把自己打理得井井有条，换灯泡、修下水道、修理水管都已经轻车熟路，她知道社会需要强者，生活需要强者。

慢慢地，她学会了戴上假面具，伪装真实的自己，她明白，外界的一切阻力都抵不过一颗坚强的心。

坚强久了，伪装久了，她会怀念那个脆弱的自己，怀念那曾经纯真的眼泪，真实的感情已经离她很远了。她还没有成为生命中的强者，却也开始懂得保护生命中的弱者了。她说："我不知道这是一种悲哀，还是成长，我只知道现在的我已经坚强得不再像个女人了。"

她说："若可以选择，我想做个弱者；若可以选择，我宁愿不坚强。我多想做一棵小草，安稳地生活在大树底下，冬灭夏长，在绿荫之下度过暑期，可是，谁才是我的大树呢，谁是那一片绿荫下的幸运者呢。不得而知，我成了大树，于是挺立在四季，为了我绿荫下的笼罩。"

都说"女人是水做的"。本来就具备柔软的一面，上帝在创造亚当和夏娃的时候，就给了男人和女人不同的角色。"男人负责赚钱养家，女人负责貌美如花"，一句看似是笑料的话，却也指明了女人不需要像男人一样战斗，赢得男人心的从来都不会是女汉子，一定是一个懂得示弱、依赖男人的女子。

其实，每个人都有自己最脆弱的一面，自己往往看不到，也许是因为我们喜欢用坚强去掩藏那颗脆弱的心。其实不需要像刺猬一样把自己身上的刺都隐藏起来，假装坚强。

　　骄傲的女人为了证明自己可以独立，于是选择将自己软弱、容易受伤的心紧紧包裹隐藏起来，不让任何人看到她的伤痛，一直同命运抗争着。即使内心已经脆弱受伤，也依然顽强地告诉自己要坚强、要勇敢，而社会也对女人有着不同的要求和挑战。所以，女人需要懂得怎么卸下伪装，怎样努力地再爱自己一点。

　　任何人都会有坚持不下去的时候，每当这个时候就不要勉强硬撑，不要再假装坚强。女人首先要学会爱自己，才可以拥有更多的爱，适当地做一个软弱的女人，给自己的心放个假，做真实的自己，不要伪装坚强，再坚强的内心也需要适当地柔软一下。

4

容许适度自我怀疑

女人都希望自己时刻能散发出迷人而自信的魅力，因此会很在乎自己的外貌、体形、身高，如果有某些缺陷，就会因此而自卑。"我太胖了，没有哪个男人会看上我的。""我没有上过正规的大学，只拿了一个夜大的专科证书，好公司怎么会录用我呢？""我是一个前台接待，没学历，没才华，吃几年青春饭，真不知道以后能做什么。"

自卑的女人最大的特点就是常常自我怀疑、自我否定，就像吃了慢性毒药一样，变得自怨自艾、不思进取，渐渐失去了女人原有的魅力。但凡事都有两面性，过度自卑会促发女人的消极心理，而适度的自我怀疑则不一定是坏事。

邓亚萍接受采访时曾说："我不如别人，我自卑，所以我不停地努力，当年从郑州到国家队时，没有一个人肯定我。为了证明给他们看，我每天都比别人刻苦，我知道自己个子不如别人，别人允许失败,而我只能赢,所以我打球凶狠,那是逼出来的。后来我成功了,别人又说我没大脑,只会打球,于是我发疯地学习,英语从不认识字母到熟练地和外国人对话。我不比别人聪明,我还自卑,但一旦设定了目标,绝不轻易放弃!"

  适度的自卑感是人生的养料。因为有点自卑的女人,会有自知之明,她知道自己有多少分量;有点自卑的女人往往会不断地反省自己,冷静地剖析自我;有点自卑的女人也往往能保持谦虚谨慎的心态,她知道自己不过是个平凡女子,也就不会轻易瞧不起别人;有点自卑的女人总是善于发现他人身上的优点,因为谦卑,对他人的过失、缺点,也就能更加包容、谅解。
  奥地利心理学家阿德勒认为,自卑是人在追求优越地位时的一种正常的发展过程,自卑感、追求优越是每个人都固有的。正常人一旦体会到自卑感,就会力求补偿不足,并力求完善。在角落里默默无闻开放的花朵,气势不够张扬,芳香不够浓郁,但正因为无人关注,使得其更加坚韧而持久地盛放,终有一天,它们会成为一道别样的风景。

  张越是《半边天》主持人,在成为主持人之前,张越内心是自卑的,曾经因为肥胖困扰了她10年之久。
  读书期间,张越觉得肥胖给她造成了很大的心理阴影和自卑情绪,张越常常觉得自己难看、笨重,没有别的女孩子漂亮,那时她在自我否定和自卑的情绪中无法自拔。在路上听见两个男人在说:"这人真胖。"张越会故意回到那两个人面前,直勾勾地盯着

他们看,两个男人愣了很久,只留下一句:"真厉害。"

每次学校组织春游,都是学生们最喜欢的事情,可张越从来都是在逃避,她知道春游爬山就会显露出她很笨重;她也从来不和同学去看电影,害怕电影里面会出现大胖子的形象;甚至在街上行走,都会觉得马路上的人随便看了她一眼就是在说她胖;在流行灰色、蓝色制服的年代,张越一直都坚持穿灰色,只穿男装,而且跟老爸的衣服是同款。

进入大学以后,她大部分时间还是在怀疑和否定自己,在深深的自卑中度过。她常常疑心同学们会在暗处诋毁她,她也不敢穿裙子,从来没有参加过体育测试,还差点因为这个没有拿到学位证。

张越足足被肥胖打压了10年之久,10年间完全处于自我封闭的状态,后来她想明白了,也不再害怕跟人在一起,可以接受彩色的衣服,从此她豁然开朗,以前都是自己在跟自己较劲,很多事情都是自己幻想出来的,根本不存在,反而因为这些臆想而伤害了自己。

适度的自卑会督促女人去付出更多的努力,以取得悦人的成绩。女人因为自卑,所以怀疑自我,这其实是一个不断认识自己的心理过程。女人只有对自己形成正确的认识,知道自己是一个什么样的人,能够做什么,不能做什么,她才能做自己的主人,独立地做出判断和从事行动;她才能够不怕否定、批评和指责,有自己内在的标准。她才能够不寻求赞许,不会为了得到赞许而丧失自我;她才能够有安全感,才有勇气去追求自我实现。

艾瑞只有本科学历，所以她只能从低层的公关职位做起，而且领导很忙，导致她每天都有堆积如山的工作，而领导布置工作又是提纲挈领，使得她常常晕头转向，甚至一筹莫展。而同事之间的竞争却常常趋于白热化，艾瑞总是担心自己出差错，怀疑老板哪天冷不丁就会让自己走人。她只有更加卖力地工作来保全自己，设计的方案被自己一次次推翻，以期做得更好、更出色。即便领导交代的小事情，她也绝不敷衍，甚至检查几遍，以防失误。渐渐地，艾瑞赢得了上司的认可，在不断怀疑和否定自己的过程中，她也逐渐看到自己的潜力，并将这种潜力逐渐开发出来。

自我怀疑其实就是一种自我的"心理暗示"，一种不断告诉自己可以做得更好的心理暗示，这种心理暗示从心理学角度讲，就是个人通过不断否定最佳的方式，对自身施加影响的心理过程。不断的自我怀疑就是在不断地看清自己，从而赢得更满意的自己。

诗人鲁藜说："还是把自己当作泥土吧，老是把自己当珍珠，就会有被埋没的痛苦。"不必为小小的自卑而苦恼，适度的自我怀疑，能帮助我们认清自己，挖掘自己内在的潜能，提高自己的心理承受能力，既而再次树立自信。

5

不对自己过分苛求

西施从小耳朵就长得小，跟面部并不协调，于是便为自己配了大而沉重的耳环，沉重的金属拉长了西施的耳部轮廓，弥补了耳朵小的不足。

王昭君的两脚很大，她让缝衣匠裁制了很长的裙子，婀娜多姿，长裙掩盖了双脚的不足。

貂蝉有腋臭，当她闻到花园里的花香，便让丫鬟采来香花，用花香味制成香水，全身擦拭，香味袭人。

杨玉环走路时脚踩地发出的声音令人生厌，她便在身上佩戴玉器和铜铃，走路时，铜玉相撞，叮叮当当，别有风韵，而铜玉撞击声也掩盖了刺耳的步履声。

这些在古代被形容成"沉鱼落雁，闭月羞花"之容貌的女子自身也有不足，因此，我们可以追求完美，但是不要过分苛求自己。

每个女人都想要成为完美的女人，但是人无完人，任何人都不可能是完美的，不可能方方面面都做到尽善尽美。不要太苛求自己，给自己过多的压力，否则只会给自己徒增更多的烦恼。

吕琼在一家企业已经干了十几年，身为企业的中层领导，她对自己的要求颇高，甚至近于苛刻。

有一次，她的助理在公司的月报上检查出几个错别字，觉得是小事就没有告诉她，而是自己直接处理。几天后，助理在跟她汇报工作时，无意中提起了这件事，谁知她大发雷霆，让助理立即拿月报的备份给她，她要仔细确认是否还有其他疏漏。

吕琼不只希望自己是一个成功的职业女性，还希望自己是一个完美的太太和妈妈。她对请保姆不放心，家务活都自己干。每天清晨，她就起床为女儿和丈夫准备早餐；天天打扫房间；不管她每天晚上忙到多晚，必须熨好丈夫的衬衫，为自己和女儿搭配衣服。她每天的睡眠时间只有三四个小时。

她常常感觉力不从心，心中总有一种快要崩溃的恐惧。刚刚30岁竟然有了丝丝缕缕的白发，脸色灰暗，皱纹也爬上了面颊。尽管如此，她还常怀疑自己是否有能力做个好母亲、好妻子。

哲人说："完美本是毒。"事事追求完美其实是一件十分痛苦的事情，是毒害心灵的药饵。

周臻芳年纪轻轻就当上了部门经理，有一段时间她忙得焦头烂额，人也憔悴了不少。而在一年后在同学聚会上，她完全变了一个人，不再像以前般悲愤抱怨老板把沉重的负担交给她、三十多岁还没有男朋友、没有时间给自己，一副愁眉苦脸的样子……反而是

开心地谈工作计划、带团队的心得,以及买了新车带爸妈出去兜风的开心,觉得人生无限美好,人也神采奕奕。

朋友问其变化的原因,她说"我想通了,我决定饶了我自己。"

"饶了我自己",其实就是放下对自己的苛求,不再纠结钱赚得不够多、时间不够用、工作上还有个细节做得不够完美、家里的地板擦得不够干净、孩子的功课盯得不够紧、老公(或男朋友)最近不够爱我、减肥计划最近没有很好的实施……常想自己的不足,会使自己习惯性地生活在不安的阴影下。

女人要学会接纳自己,既接纳自己的优点,也接纳自己的缺点。美国作家哈罗德·斯·库辛写过一篇《你不必完美》的文章,在文中,他写了这样一个故事:

因为在孩子面前犯了一个错误,他感到非常内疚。他思忖自己在孩子心目中的美好形象从此被毁,怕孩子们不再爱戴他,所以他不愿意主动认错。在内心的煎熬下,他艰难地过着每一天。终于有一天,他忍不住主动给孩子们道了歉,承认了自己的错误,他惊喜地发现,孩子们比以前更爱他了。他由此发出感叹,人犯错误在所难免,那些经常有些小错失的人往往是可爱的,没有人期待你是圣人。

接纳自己,远比我们想象的要困难得多。每个女人的心里都潜藏着一个"公主梦",而这个"公主"不是别人,是被美化了的那部分自我，那是我们想成为的样子。而在我们不断成长的道路上，一旦这个"公主"受挫，比如付出了很多却没有得到赞扬，精心的打扮却被人误解为招摇……这都会在心理上留下阴影，变成对别人是否会真的爱自己的"不信任"和对自己是否真的值得被爱的"不自信"。

我们要试着接纳自己的不完美。在个性上，承认自己会无力、会脆弱、会怒不可遏、会歇斯底里；外貌上，接纳自己身材不够苗条、个子不够高、皮肤不够白皙、眼睛不够大……要对自己不够好的一面有足够的认同，这是跨出不苛求自己的第一步。

卡耐基曾说过一段耐人寻味的话："发现你自己，你就是你。记住，地球上没有和你一样的人……在这个世界上，你是一种独特的存在。你只能以自己的方式歌唱，只能以自己的方式绘画。你是你的经验、你的环境、你的遗传造就的你。不论好坏与否，你只能耕耘自己的小园地；不论好坏与否，你只能在生命的乐章中奏出自己的发音符。"

接纳自己，对自己的一切学会"照单全收"，才会心神安定，生活才会舒坦踏实。

6

丢掉面具，活出你自己

第五代导演陈凯歌的代表作《霸王别姬》中有一个青衣叫程蝶衣，总是演虞姬，因为太入角色，无法从角色中走出来，明明是男儿身，却爱上了现实中的霸王。人一旦戴上面具，就很难摘下。人们之所以迟迟没有从陷阱中跳出来，或许是因为已经习惯这种虚伪的面具。一个本来率性的人，为了生活却隐藏了自己，这是一种无言的伤痛。

王雪大学毕业后想去做一名小学教师。但是由于她不是师范类的毕业生，没有得到教书的机会。于是，她选择了去日本留学，攻读了教育硕士学位。回国之后，一时间也没有找到合适的教师工作，她就进了一家外企做日文文秘工作，很快得到了老板的信任，待遇也很不错，但是她却一直没有放弃教书的梦想。她参加了教师资格证书的考试，考取后便辞去了秘书的工作。

教书的薪水远远比不上秘书的工资，周围很多朋友都不理解她的选择，而且凭借她的学历可以去教更高层次的学生，而她却偏偏选择了小学。她坚定地说："我就是喜欢小孩子，才选择这份工作的呀！"

一次，一个熟人碰到她，问她最近状况如何，她兴奋地分享了教书中的快乐："今天刚上过体育课，我也跟小朋友一起爬竹竿，我几乎爬不上去，全班的小朋友在底下喊老师加油！老师加油！我终于爬上去了，这是我自己当学生的时候做不到的事呢？"

真实地面对自己内心的声音，明确自己想要的是什么，选择做自己喜欢做的事情，这是快乐的根源。女人勇于做真实的自己，才会收获属于自己的人生。

20世纪80年代，有位名叫安德森的模特公司经纪人，看中了一名身穿廉价产品、不拘小节、不施脂粉的大一女生。这名女生来自美国伊利诺伊州的一个蓝领家庭，她从没看过时装杂志，也不懂什么是时尚，更没有化过妆。但是，这都不重要，重要的是她天生丽质，浑身散发着清新的天然香味，唯一美中不足的是她的唇边长了一颗非常明显的黑痣。

安德森将这位女生介绍给经纪公司，却遭到了一次又一次的拒绝，原因大都是因为她唇边的那颗黑痣。但是安德森下定了决心，要把女生及黑痣捆绑着推销出去。安德森给女生做了一张合成照片，小心翼翼地把大黑痣隐藏在阴影里，然后拿着这张照片给客户看。客户果然很满意，要求马上见真人，真人一来，客户就发现"上了当"，客户当即指着女生的痣说："我可以接受你，但是你

必须把这颗痣拿下来。"

激光除痣其实很简单，无痛且省时，当这名女生和安德森商量把这颗痣除掉的时候，安德森坚定不移地对她说："你千万不能除掉这颗痣，将来你出名了，全世界就靠着这颗痣来识别你。"

果然这名女生几年后红极一时，日入3万美金，成为天后级的人物，她就是名模辛迪·克劳馥。她的长相被誉为："超凡入圣"，她的嘴唇被称作芳唇，而芳唇边赫然入目的就是那颗今天被视为性感象征的桀骜不驯的大黑痣。

"真我"是一个女人身上所独有的魅力，无人能及，是一个女人与生俱来的一种特质，也是吸引他人的个性来源。别人说什么，不重要，重要的是你能否保持本色。

索尼娅是美国著名的女演员，在她小的时候，有一天因为别人说她丑而泪流满面地回到家，父亲问明原因后，对正在哭泣的索尼娅说："我能摸到我们家的天花板。"索尼娅抬头看着约4米高的天花板，不敢相信。

索尼娅的父亲说："不信吧？那你也别信你同学的话，因为有些人说的并不符合事实。"

女人，往往太在意自己在别人眼中的样子。会因为周围朋友一句嘲讽的玩笑或是公司同事一次无心的抱怨而感到失落，开始怀疑、否定甚至是改变自己。

不要为别人的评论而活，不要因为别人的只言片语而改变原本的自己。喜欢、在乎你的人，会因为你的好而更加爱护你；不喜欢你的人，无论你如何改变自己，也不会变成他喜欢的样子，即便他喜欢你了，你也不再是真实的自己。安吉罗·斐尔奇曾说："一个人最糟的是不能保持自己的特色，并且在身体特别是心灵中不能保持自我。"

做自己，不是要学会自私自利，而是懂得自己的感受，做自己灵魂的主人，有自己的爱好、梦想、工作和朋友，不会因潮流而迷失自我，请相信，好运是天生的，但好命是要通过努力亲自创造的。

女人可以将自己打扮得很漂亮，穿你喜欢的外衣，喜欢的鞋子，喷你喜欢的香水，让你感觉从内心到外物的舒心，不必为了引起谁的注意，取悦自己既可，不必非得迎合他人的目光。

"活出你自己！"这也是美国作曲家欧文·柏林给作曲家乔治·盖希维的忠告，也是对天下女人的忠告。

第 3 章

多给别人一些表现的机会

WEIYOUROURUAN CAINENGJINGZHI

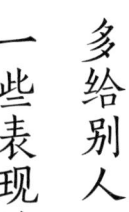

1

委婉地表达，看破不说破

大多数男人都有向女朋友撒谎的时候，而女人又是比较敏感的动物，往往一个小小的细节便可分枝搭架洞悉一切，这是一种天生的优势，却也给很多女人带来不必要的烦恼。

即便你很聪明，有一颗洞悉一切的玲珑之心，也别自作聪明地去揭示一切，小心祸从口出。有些事情心里明白就好，别因一时冲动铸成错误，尤其是情侣或夫妻间，既然清楚说出来会破坏你们彼此的感情，那就最好别说，忍一时风平浪静。

同时，精明不可以表现在明处，你可以从别人的一言一行中探出风声，可以从一件小事中找到关键，但凡事留个心眼，才能做到面面宽，明知有些话说出来会带来麻烦，就让它烂在肚子里。

既然别人都在睁一只眼闭一只眼，你也别傻乎乎地去做那个丑人，太好奇，嘴巴太豪爽等于自掘坟墓。

最近丁海桐发现旁边的女同事雅洁总是与对面的男同事剑峰

眉来眼去，而剑峰的女朋友就是旁边销售部的同事。这让丁海桐内心一阵嘀咕。

一天中午，剑峰的女朋友来找剑峰，当时只有丁海桐一人在办公室，于是她俩便聊了起来。当女朋友询问剑峰最近的情况时，丁海桐有意地透露了一些自己的猜测。

过了几天，剑峰的女朋友气冲冲地闯进来与剑峰争执起来，吵着吵着指着雅洁嚷了半天，还指着丁海桐说，全都是她告诉自己的。丁海桐直摇头，但是从那以后，剑峰时常找丁海桐的麻烦。

管好自己的嘴，切记"祸从口出"。行走在世，必须多一份理性，懂得如何管好自己的嘴，懂得什么时候该说什么，不该说什么，以及如何把话说得最有效。

心理教授格瑞德罗在《谈话的艺术》中说道："沉默可以调节说话和听讲的节奏。沉默在谈话中的作用就相当于零在数学中的作用。尽管是'零'，却很关键。没有沉默，一切交流都无法进行。"

很多事情并不合适说破，否则，既容易让人下不了台，又可能伤了情分，达不到应有的谈话效果。因此，看破不说破，想办法委婉地表达你的意见，才是最好的交流方式。

即便是再好的朋友，有些话不该说也最好闭嘴。你要清楚有所为，有所不为。看破，但别说破，无论是对他人造成困扰，还是对自己制造麻烦，都会使你得不偿失。即便闲来无事，喜欢捕风捉影，也要避免谈论一些负面的话题。

该装傻时，要学会装傻，有些事如果烂在肚子里会避免争端，那就别吐出来。多一事不如少一事,与其给自己惹麻烦,不如把自己的洞察力放在其他对自己有利的事情上。做个成熟、睿智,受人敬爱的女人。

2

有一种秘密武器，叫善意的谎言

还记得《皇帝的新装》里面那个敢于说实话的小孩子吗？其实，除了单纯的孩子以外，没有人能够保证自己永远都在说实话。有时候，善意的谎言也会成为你处世的"秘密武器"。

比如，与一位身材丰满的异性见面时，你不避讳地笑着说："看你胖得都快流油了，赶紧减肥吧！"或许你认为这是一句玩笑话，可对方听在耳朵里却觉得刺耳，甚至会觉得这只是你对他的侮辱，是低级的人身攻击。如此一来，你的无心之言，却换来对方的敌视。

林萱性子颇为直爽。在一次相亲过程中，很快她便与相亲对象交谈得火热。

"我很喜欢吃这家的红烧鱼头，味道特别棒，要不要尝尝？"林萱说。

"呵呵，好的！"那男人爽快地叫过服务员添菜。

"对了,你身高多少啊?等等,我猜猜。"林萱上下打量那男人一番,也不避讳。"应该有166～167厘米,对不对?"

对方被她大胆地打量弄得有些尴尬,又听到她猜得很准,笑着说:"你眼力真好,我168厘米。"

"呵呵,我很厉害,你长得确实不高,比我心目中的王子形象差很多。不过你这么白,去当个小白脸肯定能一劳永逸。"林萱说得兴趣盎然,貌似在跟老熟人闲谈一样。

但对方的脸色却变得有些铁青,也不再与林萱有说有笑,只是随意地敷衍。一顿饭结束后,那男人付了账,转身走出餐厅后说:"抱歉,我想我们不太合适。"

看到什么说什么,不经大脑思考,自作聪明地在一旁对他人进行一番分析评估,想必你的形象全无,对方还会因为你的口无遮拦将你拉黑。很多事情其实大家心里都明白,只是为彼此留足面子。如果你很不识趣地去捅破这扇窗户纸,就会把气氛弄得很尴尬,也会给他人留下很糟糕的印象。

对于善意的谎言和血淋淋的事实,每个人有着不同的想法。就像是电影里的一些情节一样,在爱情里,很多女人的眼里是容不下一粒沙子的。有的女人希望知道老公所有的事情,哪怕让自己很伤心,也要直言不讳地指责对方。在生活中,当你看见朋友新做的一个发型,你却口无遮拦地说:"这发型真的实太难看了。"结果只能弄得不欢而散。会示弱的女人懂得偶尔说些善意的谎言来调剂生活,既轻松了自己也愉快了别人。

元旦期间，公司准备搞个新年晚会。当天晚上，大家坐在搭好的台子前欢声笑语。而主持人恰好是不擅长言语的范晓玲。节目都很尽兴，大家玩得也很开心。突然，台下有人起哄让老板也去表演个节目，台下黑漆漆的一片，分不清是谁带的头，此时起哄的人越来越多。

范晓玲望着台下的老板，老板有些为难地上了台，拿过她手中的话筒，说唱首歌好了。结果老板一曲终了，大家有的愕然，有的肩膀在猛颤。范晓玲见情况不妙，赶紧拿着话筒喊："大家觉得给不给力。"台下众人反应道："给力。"范晓玲继续说："还想不想听？"大家其声震天："想听！"范晓玲亢奋地喊道："要不要再来一个？"大家随声附和"要！"，范晓玲突然淡定下来："明年春晚再见！"台下一时愣住，接着一阵哄堂大笑。如此，憋在大家心底的笑声终于都释放了出来。

而春节一过，范晓玲接到调任，直接被提升为部门经理。

无论是职场还是生活中，谨慎言行必不可忽略，有些话不要说得太直白，否则伤人伤己。因此，说话前要思量一番，能不说就不要说，自己心里清楚就好。尽管，说实话固然容易取信于人，但带些刺激性的语言，最好还是说得委婉些，或者直接用善意的谎言来欲盖弥彰。

话里话外能表现一个人的涵养和见识，太直白的话反而太露骨，不经意间惹得彼此尴尬或误解就有些得不偿失了。

总之，在讲话时一定要有分寸，不经大脑就脱口而出的话一定会伤害你自己，古人告诉我们"三思而后行"，这样才能不出大错，而在说话时你也一定要"三思而后说"才行。看透不说破的女人更能讨得大家欢喜，记住，只有孩子和傻子才会单纯地去说实话，一个人的稳健与成熟有时需要侧面语言的点缀，如此，才能彰显你的聪明之处。

3

有时候,大智若愚比故作聪明可爱得多

要问什么样的女人最可爱,答案可并不是精明非凡的,而是看似很"傻"内心却聪明的女人。

每个人都希望自己被重视,被人挖掘,于是,便处处彰显自己的聪明才智,但却终不得志。一些女人,尤其是职场女人,尽量表现自己的精明之处,让自己职场化、精明化,可越表现得聪明,却越容易被人忽视,甚至还会招来敌意,这是为什么呢?

欧阳青雪是个很聪明的女孩子,很会通过察言观色,揣摩人的心思,通常都能将事情做到面面俱到,很受领导器重。

后来欧阳青雪跳槽去了机关单位,依旧靠察言观色猜测领导们的心思。一开始,上司总夸她聪明,思维敏捷,是难能可贵的可塑之才。不断受到夸赞的欧阳青雪反而变本加厉起来,只要揣摩出上司有何动向或心理活动,便立刻与同事们分享,甚至为此下出赌注,预测上司的下一步行动,不过赢的往往是她。

但随着她所谓的聪明之举，上司对她的态度越来越冷淡。无论她做得多优秀，都不再受到上司的夸赞，而且上司还有了鸡蛋里挑骨头的毛病，经常在她的佳绩中挑出一些不好的细微错误。而且没过多久，上司便以她不能胜任这项工作为由，将她派遣到一个相当空闲的职位去了。

有时越是想要表现自己聪明的女人，越是笨到了骨子里。而聪明的傻女人，傻的是外表，聪明的是心灵。

在工作中，领导没有下决定时，自己绝对不会自作聪明地替老板出主意，偶尔"笨"一些才能更讨喜。那些喜欢利用自己的聪明揣测上司的意图，这种窥窃是一种隐形的威胁，让原本聪明的上司在你面前产生挫败感。在聪明人面前耍聪明，败了可能没什么，一旦胜利，只会遭到更大的轰击，让对方对你心生忌讳，怀恨在心。

可爱的女人都有些"笨"，在工作中她们从来不和同事斤斤计较，无关紧要的事情，她们总是"记不住"，在同事眼中她们是工作中不可或缺的开心果。在爱人面前，她们是天生的"小迷糊"，总是能激起男人的保护欲。

娱乐圈内的很多女星，表面上看起来不太聪明，没有心机，大大咧咧，实际上却很聪明，也正因如此，他们才能以另一种方式大红大紫。

香港地区演员吴君如一直被人称为是娱乐圈的"傻大姐"，除了她一直在影片中不断被深化的"傻大姐"形象，在现实生活中，她同样是一个没有心机的女人。正因如此，她才嫁给了陈可辛这样的大导演。

无论是《武林外传》里的郭芙蓉,还是《潜伏》里的翠平,姚晨总表现得傻乎乎的。而生活中的姚晨亦是对什么都与世无争,她不靠炒作,不靠绯闻,却也大红大紫。

小S徐熙娣总是表现得神经兮兮的,主持节目时,总是与不少的男嘉宾玩暧昧,有人认为她这是拿自己的婚姻开玩笑,但小S心里却有数得很。据悉,小S的智商可是非常高的,尽管平时傻乎乎的,她却是很聪明的一个人。

"宁可装糊涂不知所云,也不可因聪明轻举妄动。"我们经常听到男人在表达对一个女人的关心与爱慕时说:"真是个笨笨的傻女人。"这样的辞藻中蕴含着温暖与宠溺,让人甜到了骨子里。可对一个过分聪明的女人,男人大多数敬而远之。女人们要想获得美满的爱情,就要学会配合别人的聪明而装傻。

傻傻的、笨笨的女人才会惹人喜爱,她们能理解别人在说什么,却永远不表现出比别人懂得多。从而使对方降低警惕性,也更容易接受她们的加入。因此谨记,你周围没有傻子,所以,别太高估自己。在聪明人面前故作聪明,只会给你带来尴尬与窘境。大智若愚远比精明老练可爱得多,装傻是一箭双雕的好谋略,既是对聪明人的恭维,又是一种自我保护,如此才能做到八面玲珑。

有才华也不急于一时显示,心急吃不了热豆腐,真正聪明的女人清楚处事低调些,表现得笨拙些,在真正到了该表现的时候,一触即发,才能给人更深刻的印象。大智若愚才能博得他人的欣赏与喜爱。很多时候,做个事事精明的女人,不如做个迟钝的傻女人过得幸福。

4

做最佳配角，不抢他人风头

当别人正在说一件事的时候，随便插嘴或是打断，是一种不礼貌的行为，也是对别人的不尊重。试想，对方正说得兴高采烈，被你忽然打断了，对方就会心里不舒服，有些人还会生气。聪明的女人往往心甘情愿地去甘当配角，而不为了主角那个宝座，去与人争高低。

有时候给别人一些表现的机会，你才能博得他人的信赖与好感。但也有一些女人事事抢先，强出头，以为越表现自己越能受到更多人的青睐，然而最终却适得其反。

仇灵意刚进一家化妆品店当销售员，原本她很开朗也很热情，大家都挺喜欢她的。但久而久之，其他店员发现，她总是爱抢别人的客户。

一次，一位老客户刚进店，原本是去找经常给她推销化妆品的店员，仇灵意直接上前拦住对方，热情地去打招呼，拉着对方推

销化妆品,结果那位客户被她笼络了过去。

还有一次,一位新客户来店内选购新上市的化妆品,原本仇灵意旁边的王娟介绍得好好的,就在王娟转身去拿产品的时候,仇灵意突然插嘴道:"其实还有一款新上市的产品,声誉很好,而且价格适中。"那位客户很快被仇灵意的提议吸引过去,王娟刚拿出产品,却见仇灵意已经在向对方介绍另一款产品了,内心一阵恼火。

渐渐的,店内的其他店员将仇灵意疏离开。一次,老板夸赞她业绩好,其他店员都愤愤不平。后来,有人偷偷将一张字条放到了老板的办公桌上,将她的恶劣行径一一列举。老板看后,直接把她叫到了办公室,当大家看到垂头丧气走出来的她时,全都一副幸灾乐祸的表情。

在别人面前太过出风头,会招来大家的鄙夷,将功劳揽于一身只会表明你是个自私自利爱彰显的徒有虚名之辈罢了。如果不想遭到周围人的排斥,你最好收敛那争强好胜的个性,它不会铺就你的光明大道,只会毁灭你的个人形象,破坏你的人脉资源。

吴孟达曾说:"一部电影90分钟,给配角的戏不会超过20分钟,配角的主要作用就是配料。比如,主角是条鱼,而我就要想着加什么佐料才能把鱼做得最美味。我就是那锅底的配料。"在我们身边,经常会有这样的女人,在处世的时候,总是喜欢显示自己,好像她博古通今似的。这样的女人,以为别人会很服她们,其实,只要有点社会阅历的人,都会不以为然。

当你在一个舞会上滔滔不绝的时候,看到了在角落里被冷落的朋友，你会怎么做？聪明的女人一定会在这个时候保持沉默，把表现的机会留给朋友。这样一来，不仅朋友会很感激你，在场的观众也会打心底佩服你的为人。

徐佳音初到公司的几个月里，居然一个跟她要好的同事也没有。最主要的原因是她每天都使劲吹嘘自己在工作方面的成绩以及她所做的每一件事情。但徐佳音发现，同事们对她说的事情从来都漠不关心，不但不为她的业绩感到高兴，有时还露出不屑的神情。

徐佳音渴望同事们能够喜欢她，能够和她成为朋友，但总是事与愿违。一次徐佳音的丈夫对她说："你想让别人听你说，就应该先听听别人说什么。这样，也许他们就会慢慢接纳你。"

徐佳音听了丈夫的忠告，从此在与同事闲聊的时候，尽量少谈自己，多听他们说事情。她这才发现原来同事们也有很多事情要吹嘘，而且远比在倾听别人说话时要兴奋开心得多。渐渐的，大家有了什么话都喜欢告诉徐佳音，后来几乎所有的同事都成了她的朋友。

世界著名记者麦开逊说："不肯留神去听别人说话，是不受人欢迎的第一表现。"做好配角，多给别人表现的机会，当别人展现出无限光辉的时候，你已经成功博得了对方的信赖。

在社交场合中说话，同站在教室中教课或是站在演讲台上演说有很大的不同，教课和演说，只有你一个人在说话，别人不能插嘴。而社交中的说话，彼此是在对等的位置，如果在这种谈话中，你一个人一直滔滔如高山瀑布，永不停止地倾泻着，那对方就没有

说话的机会,这样你肯定不会受人欢迎,甚至还会被别人耻笑。

当孔雀在向大家炫耀自己美丽羽毛的时候,那么,它最丑陋的一面也必将外漏。适时地把表现的机会多留一些给别人,会让你赢得别人的尊重。多给别人一些表现自己的机会并不是说明女人"傻",而是恰到好处的聪明。

■ 5

不是主角,就少说两句

看过一个相亲类的电视节目,女嘉宾身材高挑,皮肤白皙,用"美女"形容亦不为过,只是和男嘉宾交谈时,小嘴赛机关枪,嘟嘟嘟连发,不给对方说话的机会,致使很多男嘉宾认为她很"强势",尽管女嘉宾百般解释,声称自己是小女人,一点儿都不强势,但最终还是没有牵手成功。

不给别人说话的机会,难免会让人产生误解。其实,无论生活工作,还是为人处世,不妨低调一点儿,不张扬,不唱独角戏,给予对方充分的表达的机会,既是一种尊重,也会给自己赢得加分。

薛佳佳,口若悬河,嘴上功夫了得,毫不夸张地说,和薛佳佳在一起,你只需"嗯嗯"附和两句,半天工夫,都不会"冷场",好似这个世界的事没有薛佳佳不知道的。你可能都听累了,但薛佳佳依然兴致未减,大家背地里谑称薛佳佳为"破嘴"。朋友圈里的人,和薛佳佳说话,常是侃上几句,便找寻借口离开,深感

"压力山大"。

无论与熟悉的人交谈,还是与陌生人说话,不管是在人口集聚的公共场合,还是在只有两人的交流场合,不锋芒毕露,试着去倾听,不"抢话",把握一定的"度",赢得别人好感的同时,还会收获更多的东西。

常看到一些女人,一天到晚滔滔不绝,自认为无事不通,无事不晓。当她怡然自得之时,周围人反而觉得她是喧宾夺主,自我卖弄。

既然不是主角,最好少说两句,人贵在自知,摆正自己的位置,只说该说的话,多听别人说话,并且不失时机地表态,才能使对方觉得内心舒畅,愿与你深入交谈。

正如与客户打交道,如果你只顾自己在一旁侃侃而谈,不给对方发表意见的机会,只会让对方甚是反感,甚至觉得你公司的产品根本就不适合。若你尽量让对方提出相应的疑问或疑虑,你再做出回应,在充分尊重对方的前提下,双方形成讨论和商谈才更容易事半功倍。

原本主持风格麻辣锋利的张越,逐渐不再伶牙俐齿、锋芒毕露,她往往坐在一旁,安静地听着受访者说话。

"我最早做节目的时候,喜欢很清楚地表达自己的观点,最好与嘉宾对着干。"那时的张越有着和许多主持人一样的心态——她是主角,她不在乎嘉宾的反应,而是在乎大家有没有看到她咄咄逼人、出口成章的能力。

在她的记忆中，她曾请了一个内向的知识分子来节目做嘉宾。"我一开口就出口成章，那位嘉宾被我的气势吓到了，一直在擦汗，还哆嗦，话也说不完整。我遇强则强，这一下子反而没了招数。但我觉得他这样的反应挺真实的。"这期节目被编导认为失败，准备"拿下"，但在张越坚持要播出，结果成了那个阶段张越得到评价最高的节目。

现在张越觉得自己有点过了。"其实，电视节目里，嘉宾才是主角，主持人不应该总是显摆自己，应该是保护嘉宾，和嘉宾沟通，最真实地表现自己，节目才好看。"

"我以前采访一个外出打工的人，我去之前会认为我们是在'关心漂泊在都市边缘的异乡人'，但这种关怀里带有强烈的优越感，因为你不了解他的人生经历和内心情感，你觉得他们很惨需要被关怀。但真正到了现场，节目采访到最后你发现根本就不是那么回事，他们不需要同情、帮助，他们更多的是需要理解和倾听。"

通常，一个以自我为中心的女人，才会不断地表现自己，想要时刻引起他人的注意，希望所有的话题都围着她转，只要别人转移了注意力，就会插言将话头又转向她。如此做，只会让周围人厌恶她的自私自利，还会从反感到疏远。

假如你同事的女友过来看望他，你却自作聪明地在一旁唠叨个没完，说出同事最近的生活情况，情绪变化甚至一些细微之处也说得透彻，让对方女友插不上言，这只会使同事的女友误以为你很在乎她的男友，比她还要了解他。到时候，估计你是跳进黄河也洗不清啊。

想"一吐为快"也要分清场合，分清主次，想说的话有很多，或者要表达的意见也很多，但也不能急于一时，先摆正主角的位置，尽量使对方内心舒畅，满足他作为主角的虚荣心，对方才会更愿意接受你所说的话，并想要继续与你深交。

当然，不能过分沉默，那会使对方不好意思继续说下去，甚至会瞬间冷场。但也别喧宾夺主，你说的话再多，也比不上对方的一个决定。会说话的女人，往往会在别人说话的时候，暗中担任"主角"的角色，逐步引导到对方喜欢的话题上，或者把对方引导到预期的话题上，而整个过程是畅快、舒心、愉悦的。

■ 6

学会示弱，人人具有同情弱者的天性

女性只有懂得示弱，才能顺理成章地和男人进行小鸟依人和撒娇的沟通，享受婚姻生活带来的甜蜜。否则让一个好强的女性来演绎小鸟依人是很容易让人倒胃口的。

撒切尔夫人说："女人一生所犯的最大错误，是忘记了自己是'女人'。"如果女人选择凡事以强者自居，以硬碰硬，那么最累的还是自己。

需要关心的时候就大声地说出来；想哭的时候就趴在他们的肩膀上痛哭一场，这才是女人。小小的任性真正的男人是受得了的，不要担心他们比我们还脆弱。强势的女人们，偶尔试试向你的男人"示弱"，放大双方的幸福感。

杨澜表示，作为一名职场女性，不是什么都一定要自己扛着，要知道什么时候喊"救命"，不要担心这种示弱会让人觉得你不能干。生活中的每一个人都面临着巨大的压力，聪明的女人一定要学会适当示弱，给自己减压。

有两位白领,一个叫海韵,一个叫艾美,她们两个人年龄相当,可是她们在公司的受欢迎程度却大大不同。

艾美非常注重自己的职场形象,在公众场合绝对不哭,即便是工作上受到上司批评,也是一副坚强的姿态,是典型的"战士型",这样的女人通常是天生的铁娘子。艾美一直很满意自己能够像男人那样去战斗,上司敬重她,下属害怕她。不过她也常常因为自己不服输的个性,遇到事情不肯向别人低头求助,时常弄得自己身心疲惫。

海韵则不一样,虽然她的能力和艾美不相上下,但她从不表现出自己很"强"的样子,做什么决定总是和大家一起商量着来,有时为了鼓励失败的下属,还会将自己以前的失败经历告诉他们,叫他们不要泄气。有困难的时候,也会委婉地向对方说。与艾美不同的是,总是有很多人在海韵身边帮助她。

善于低头的女人才是最聪明的女人,越是强悍的女人,示弱的威力就越大。示弱,并不是说你人格就弱了。示弱,包含了一个人的人品、道德、心胸和修养。

一些青梅竹马的小夫妻,婚后就逐渐变了模样。因为一点小事,夫妻俩吵得不可开交,最令女人伤心的是丈夫不再对自己百般疼爱。武警总医院心理研究所袁红博士提醒,无论是什么性格的女人,在家庭中要适时示弱,这样会感动丈夫,消除隔阂。

没有男人喜欢一个强势的女人、一个不需要男人的女人。很多要强的女人,但凡自己能够做到的,就不劳烦男人;但凡有些不快,也不会率先示弱说声对不起;不会酥酥软软地叫"老公";不会说"我们需要你";不会靠着他的肩膀簌簌落泪,然后用他的衣襟来抹眼泪。

别太逞能,该男人干的活,女人千万别揽上身。否则,不仅家人不能理解自己,到最后,即便你如此辛苦操劳,也只能在感情的世界里凄苦。

其实,女人若是退了一步,男人就算是嘴上不说,心里也会充满感激的,他会因为你的宽容和示弱更加爱你,因为大多数男人对弱小的事物都有一种保护和迁就的心理。当你觉得累的时候,主动去找他帮忙,让他知道你也有娇弱的一面。

第 4 章 百炼刚也能化作绕指柔

1

你也许是对的，但错在你嗓门太大

我们常常是未见其人，先闻其声，声音对女人来说是一张和容貌同等重要的名片。试想一个穿戴漂亮的女人说话总是那么高嗓门，语速总是那么急促，音量又很大，这种粗声粗气的语言会让人听了舒服吗？

"如果一个人说话像开枪一样，她的声音会把你的脑壳打碎。"阿诺德·贝内特小说里的主人公对他的妻子如是说。

多楠楠是一个长相特别甜美可人的女孩，无论是言谈举止还是穿着打扮，绝对算得上一等一的淑女。但是，只要她开口说话，这一切美好就全都灰飞烟灭。

原来，多楠楠的性格比较急躁，本来很悦耳的声音，总被她的大嗓门给破坏掉。大学一年级的时候，多楠楠谈了一个男朋友，小伙子长得高大帅气，两人站在一起很是般配。可是，没想到好景不长，刚刚谈了一个月就因为多楠楠的声音问题而告吹。

唯有柔软，才能精致

事情是这样的，那天中午多楠楠和男朋友一起乘公交车去逛街，途中，多楠楠的手机响了，结果多楠楠和电话那头的人为了一些小事起了争执，接下来整个挤满人的车厢只剩下多楠楠的大嗓门在那里咆哮、嘶吼。车上的人纷纷侧目，露出鄙夷的目光打量着这对小情侣。男朋友悄悄地示意多楠楠小点声，反倒被多楠楠大声吼道："这又不是他们家的车，还不让人说话了？"当时，多楠楠的男朋友羞得恨不得从没认识过她。

不愉快的车上"旅行"终于过去，吃饭的时候恰巧碰到多楠楠的室友，当时男朋友正在给多楠楠夹菜，结果多楠楠很刺耳地说道："我都跟你说过多少次了，我最讨厌吃这个了。"这让男朋友觉得非常没面子。其实，只要多楠楠肯温柔地对男朋友说话，就不会有这么多的不愉快。

男人都是吃软不吃硬的，没有哪个男人希望家里充斥着高分贝的"噪音"，也没有哪个男人不喜欢柔声细语的女人。女人的说话态度决定了男人宠你的程度。

女人不妨反思一下，你是不是在表达观点的时候，忘记了保持优雅的风度，甚至冲丈夫歇斯底里地大喊了呢？我们每天都要运用语言与人交流，别人愿不愿意与我们交谈无疑很重要。一个女人一定要让自己的语言听起来很美，语言不美会把一张漂亮的脸蛋刹那间变得很丑陋。当语言很美时我们才会有魅力、有吸引力。

女人在感情上总是容易冲动，原本一件很小的事情很可能就会被女人闹到上房揭瓦的地步；明明你很在理，却得不到男人的赞同，这是为什么呢？女人，你要知道，你错的不是道理，而是态度。

泛亚的丈夫回来取一份早上忘记拿的文件，泛亚看见丈夫又粗心忘记拿东西了，就立刻跳了起来，对着丈夫大声喊："你就不能长长脑子啊，怎么总是丢三落四的，今天丢钥匙，明天丢文件，会不会有一天把脑袋也丢了啊。"丈夫都走出门了，泛亚还冲着门外喊。

不要以为只有一些不礼貌的动作和坏的毛病，会影响你在别人眼中的形象，让人听起来不舒服的声音也会破坏你完美的形象。

"有理不在声高"，有些时候，就是因为声高，有理也变没理了。当男人和女人发生争吵时，女人是占着优势的，如果保持着心平气和的态度和男人讲，便会很轻松地将胜利搬到自己这边。可是，总是有那么多女人，抛弃自己的优势，总是拿着"强硬"的劣势去解决问题，结果可想而知，没有几个男人会屈服于你的强硬，即使你很有道理。

在说话的时候，要先想好自己要说的内容，以及对方会怎么想等问题。这样在说话时才能以从容不迫的语调和人进行谈话。注意说话时音量要放低，这样会更加显得你是个沉着冷静的人。

女人本身就是一种态度，无论何时，都保持优雅的姿态去和对方讲话，你会发现自己在对方心中会变得无限美好。无论对错，首先，要保证以平和的态度去说服别人。咄咄逼人未必会赢得人们的赞赏，而能够将道理以温和的语气讲出来，更容易达到说服的目的。

有人曾这样说："声音是女人的另一件犀利武器，'河东狮

吼'式的声音是最难被人接受的。"会示弱的女人懂得并且会驾驭自己的声音，得体地使用语言，在不同的环境和场合使用不同的语气和语调，在音色和音量上找寻最佳效果。

我们日常生活中的大部分摩擦，都是由于说话的语气不正确而引起的。当一个人说话时，总会产生两种效果，他说话的内容表达他的思想，而他说话的语气则表达他的情绪。从人们之间发生的摩擦来看，说话的态度比内容更重要。根据说话者情绪的不同，语气可以改变文字的意义。

■ 2
楚楚可怜，以柔克刚

男人的眼泪往往遭人轻视，女人的眼泪往往赢得同情。"林妹妹"的美不在她笑的时候，楚楚可怜的"林妹妹"才最惹人怜惜。女人楚楚可怜的模样，更能激起男性的英雄感。

女人，当你低下头，合上眼，才是你最美的时刻。

东丽是一家跨国公司的主管，她负责向美国一家公司销售建筑材料，精明能干的她列好了计划和报价，每次谈判都能和对方达成比较满意的协议，为了这个项目她加班加点、废寝忘食，可到最后签约的时候，美国代表突然提出要降价20%。

一想到这几个月的努力得不到应有的回报，东丽很是生气，几个月的委屈瞬间爆发，当着美方代表的面，她的眼泪止不住地流了下来："你们怎么可以说话不算话，我们什么都按你们的要求来做，还要降价20%，太过分了。"

美方的男代表愣住了，他看到东丽突如其来的眼泪，突然觉

得这个女人很不容易，最终同意以原价买下所有的材料。

女人的弱者姿态让他产生了怜悯之心。

大多数男性都是有怜香惜玉的情怀，一旦遇到导火索，就会被强势地激发出来，这种导火索，就是女人的楚楚可怜。

为了满足男性天生喜爱"护花使者"这一职业，女人适当地表现"脆弱"是必要的。女人天生就是水做的，对于一个女子，拥有一腔似水柔情就会摇曳成一池碧波，盈盈生辉，一陌杨柳，依依妩媚。所以说，这种"脆弱"最好的表现形式便是"爱哭"，因为所有的男人都怕女人的泪水。

如果一个女人具备楚楚可怜的情怀和小伎俩，那么，你收获的可能不仅是爱情，还有男人对你无法自拔的依恋。其实，学会这个并不是什么难事，你只需要尽量展示自己的忠诚和委屈，唤醒男人的英雄主义情结，让他们爱你爱到无法自拔，内心会深深地以为，"天，她离开了我，还怎么活下去"，如果，已经到了这一步，恭喜你，你已成功俘获这个男人的心了。

当然，楚楚可怜地示弱也要控制好度，如果肆无忌惮地使用，就会适得其反。

林小茶是某个广告公司的文员，她过于温柔，甚至有些懦弱。她认为女人对待丈夫就应该温柔，甚至在生活中唯夫命是从。自认为温婉贤淑的自己定会和丈夫恩恩爱爱，白头偕老。然而，结果却是大大地出乎，她的意料——丈夫出轨了。

在离婚协议书上签字的时候，林小茶问起丈夫出轨原因，丈夫说:"你的温柔让我生活得很幸福,但是你却不懂得提出自己的想法,很多事情我需要的是你的意见,你总是在我面前哭哭啼啼,我觉得太累了。"这时林小茶才明白,作为女人不能完全依赖丈夫,不能永远以楚楚可怜、娇滴滴的模样出现在丈夫的面前。

提到楚楚可怜,许多人都在说女人实在不需要楚楚可怜。但事实上,楚楚可怜,一直是女人的一件法宝。无论是多么坚强、冷漠的男人,面对一个楚楚可怜的女人,不动恻隐之心是不大可能的。诚然,女人应该在坚强和楚楚可怜的示弱中拿捏好分寸,偶尔以楚楚可怜的弱者姿态更能激起别人的怜惜。

许多男人年轻时,选择老婆或者女朋友,看的都是身材和脸蛋。人品、性格和脾气都不考虑,真正在一起之后,才发现,原来女人的美,不在外表,而在具有包容心和好脾气的个性。尤其是会撒娇的女人,一旦撒娇撒到男人的死穴上,这时,就算要男人为她去死,男人也会带着微笑和满足的表情"从容就义"了。可见,女人撒娇、装可怜对于男人简直是无往不利,通杀!再坚强的男人,一旦碰上女人哀怨的眼神,柔声细语和楚楚可怜的表情,百炼钢也能化成绕指柔。

在大女人们奋勇自强的时候,男人们爱的、宠的全是温柔的小女人。其实女人当自强没有错,只是别本末倒置地丢了女人味才追悔莫及。

很多婚姻的不幸,不少是缘于有些妻子一味地强势霸气,结果丈夫忍受不了,最后一头扎进了情人的温柔怀里无法自拔,妻子来找他,他头也不回,他绝情的理由居然是:"你太强势、太霸气

了，有没有我这个丈夫无所谓，可她太可怜了，离了我她就活不下去"。

聪明的女人不能一天到晚做一个非常强势、能干的人，因为你越强势就会发现丈夫越弱势。你的标准非常高，你的要求也很高，你可能会骂丈夫的衣服到处乱丢，你还会发现你越骂丈夫丢得越厉害，最后捡衣服的都是你。太强势的结果会使你自己变得很惨，到最后，丈夫可能觉得自己有一个非常强大的"母亲"，因此他会选择一个楚楚可怜的对象来保护。

偶尔以楚楚可怜的姿态示人，无辜可怜的眼神，更能激起男人的保护欲和同情心。男人一般都会有虚荣心，女人的楚楚可怜正好满足了他们的虚荣心和怜惜之心，让他觉得自己就是女人的天。这种以柔克刚的示弱，往往战无不胜、所向披靡。

3

适当撒娇，也是一种调剂

曾看过一期台湾地区的综艺节目《女人我最大》，对台湾地区女人的发嗲撒娇的功力佩服不已，才发觉，女人发嗲、撒娇其实是一件很受用的事。

当女人眨着天真的眼睛，表情或委屈，或无辜，或可爱，或渴求，或温柔地对男人说："亲爱的，人家就是要这样嘛。"相信没有哪个男人可以抵挡得住吧。总之，发嗲可以充当女人的魅力武器，发嗲可以让你得到更多的宠爱。

优优的丈夫是有名的火爆脾气，连她婆婆都说："这小子沾火就着，倔得像头驴。"但也应了那句话了，"卤水点豆腐，一物降一物"，优优的坏脾气老公，在她面前服服帖帖，两人把小日子过得和和美美。

优优是一个温柔可爱的女人，从来不会发恶、撒泼。同样，她在老公面前一向话不高声，笑意盈盈。如果老公倔得无理，她也不会被激怒。老公在优优的旁边瞬间就成了透明人，只得很知趣地

软了下来,主动凑过来,有一句没一句地跟她搭讪。这个时候,优优才会撅起嘴,扭过脸去做不搭理状,像是受了天大的委屈一般,老公大动恻隐之心,反过来百般哄劝。优优趁势收起小姐脾气,展颜一笑。于是,晴空万里,一切美好。

女人不需要太漂亮,但一定要懂得撒娇,握着一双小粉拳在男人胸口上轻打着说:"我恨你。"千百年来,撒娇是女人的专利,是女人捍卫自己的感情,表达自己心意的制胜法宝。

由名模走向当红影星的林志玲,她的声音、眼神与表情,没有一处不是在撒娇,"人家就是这样一个女子嘛"。没有一个男人不会在如此会撒娇的女子面前败下阵来。

在慢慢归于平淡的婚姻生活里,老婆适当地撒撒娇,是一种甜蜜的调剂。那些能把娇撒得可爱而不矫情的女人,会让老公和自己都沉浸在一种永远恋爱的感觉里。

黄金周的时候,米菜和老公在家一边翻看旧相册一边聊天儿。她无意中说起了一个大学同班的男同学:"他当初那么不起眼儿,追我我都不答应,想不到今天功成名就了,钱也上百万上百万地挣了。"老公一听,很不高兴了,生气地说:"怎么,嫁给我后悔了?"

米菜一看到老公脸色不对,赶紧转移话题,她拍拍老公的脸说:"不过呢?他人又不帅,又没有幽默感,离好男人的标准差了十万八千里了。"老公又说:"当初你们学院的学长也追你,他长得还不错嘛。"米菜知道老公在吃醋,不由心中暗笑,她娇声说道:"他很帅吗?没注意,在我心里,除了老公以外,其他男人长得都差不多啦！"一顿迷魂汤，把老公灌得晕乎乎的，中午时，老公竟然主动进了厨房，要做一顿假期大餐。

其实，惹火了老公时，撒娇绝对是最佳的补救方法，远比道歉来得自然妥帖。

带孩子、做家务，绝大部分是由妻子承担的，丈夫美其名曰"男主外，女主内"，可女人在外面也一样要工作，实际上是既主内也主外，时间长了，女人往往忽视了自己的角色和性别，没"河东狮吼"就不错了，哪里还想得起来撒娇？

会撒娇的女人总是特别有女人味，举手投足之间，总会让男人为之心动，女人总是希望得到男人更多的爱，最好这份爱能够如一泉水井一样取之不尽。但凡男人都喜欢看到自己的女人撒娇的样子，抿着小嘴，跺着小脚，再加上一副梨花带雨的样子……心肠再硬的丈夫也会甘拜下风，撒娇是女人生命里最重要的一件法宝。

偶尔的撒娇发嗲不需要长篇大论，通常只要一两个简单的语气词就行了，例如"咦、哟、咦嘻……"，说的时候再配合肢体的动作，身体要放软，声音要放轻，千万不能有做作的痕迹。

会撒娇的女人肯定温柔。会撒娇的女人，支使起男人来易如反掌："老公，帮我拎着包裹，你看人家的小手，都勒出红印来了。""老公，我累了，你去做饭吧，求求你了。"那位被支使的男人即使再累，也会屁颠屁颠地跑进厨房。反过来，如果直眉瞪眼一通冲男人喊："赶紧去干活，我也一样上班，凭什么伺候你。"两口子肯定会吵起来。一样的话，通过不一样的方式说出来，结果截然不同。会撒娇的女人，让她的男人愿意为她效劳。

4

羞涩，最令人心动的表情

女人什么时候最美？有人说是穿婚纱的时候，有人说是醉酒的时候，也有人说是撒娇的时候……其实，是面带绯红的羞涩之时。

有诗曰："姑娘，你那娇羞的脸蛋使我动心，那两片绯红的云显示了你爱我的纯真。"可见，一张羞涩的脸，便是一首优美的诗。

作为海归之一的周捷在留学期间，曾有一个法国女友Ana，她火热开放的性格每每让他感受新奇，Ana做事从不讲章法，常常给周捷很多惊喜，周捷认为这就是自己要寻找的另一半了。

可是，当他回国工作后结识到了现在的中国女友北雅，他才感到东方古典的娇媚更令人着迷。那不胜娇羞的神态、含蓄的肢体语言与迎合间的矜持、欲拒还迎的半推半就、躲躲闪闪的目光无不让他疯狂。和周捷在一起，北雅很少主动，但在周捷看来，这正是令他着迷的地方。最后，他总结说，女人适宜的羞涩也是性感的一种表现。

害羞是女人最美的时候，那一抹羞态是女人吸引男人并增加情调的秘密武器，出现得适时而且恰如其分，便是一种诱人的娇媚，是一种女性特有的美。如一派天真的脸上突然泛起红晕的少女，恐怕没有哪个小伙子会不动心。

"最是那一低头的温柔，像一朵水莲花不胜凉风的娇羞""犹抱琵琶半遮面""欲走还休，却把青梅嗅"，人美而含羞，两相映照，互发光辉，更增加了女性的迷离朦胧。这是一种含蓄的美，是一种使女人充满无限韵味的美，就像梦中花、水中月，使女性别有一番韵味和美色。

焦可可和丈夫是在一场舞会上结下的姻缘。当时，舞曲尚未响起，焦可可大方地坐在了与他不远的地方。这个位置抬眼正好可以看到他的脸，她优雅地坐在那里。焦可可假装漫不经心地转了一圈，然后把目光停留在了他的身上，焦可可的目光终于碰到了他的目光，她没有退却，而是大方地看着他，焦可可的眼神是微笑的、纯净的、含蓄的，还有一点羞涩，却又是撩人的。

当舞曲响起之后男士们纷纷前去邀舞，他来约焦可可跳舞。在两人翩翩起舞的时候，小伙子发现他们配合默契，这时候，焦可可又向他频频地暗送秋波。两人开始聊天，颇有一见如故之感。后来，小伙子成了焦可可的男友，再后来，焦可可就成了这个小伙子的妻子。婚礼上，焦可可问丈夫为什么会选择普普通通的她，丈夫对她说，你的娇羞、温柔地俘虏了我。

美的东西都是有色彩的。羞涩来自害羞，是最天然、最纯真的感情现象，是一种特有的魅力，是女人的美德之一。衡量女人魅力性感的指向，被越来越主动、越来越游刃有余的空前新鲜感而短暂代替。然而最终吸引人的还是本色的氧气，"犹抱琵琶半掩面"的古典情结将带着久远的余香，被男人们视为心中永恒的经典。

许多女人结婚后，对于自己该以什么样的态度面对老公不以为然，他们以为夫妻之间朝夕相处，亲密无间，还讲求什么呢？泼辣、蛮不讲理者大有人在。温柔、羞涩、轻声细语等婚前一切美好品质都荡然无存了。要知道，婚姻是需要经营的。统计发现，想离婚的男人中有百分之六十的人觉得妻子和婚前结识的判若两人。

男人也许会把个性张扬的女人当成恋爱的对象，但却很少愿意与之结为夫妻。

女人适当以"羞"的方式表达自己的性感，会引发无数联想。就像身穿旗袍的女人大部分被裹得严严实实了，却单单只露一双玉腿，这种魅力自然最是无限的了。

做一个示弱的小女人，即使你在外雷厉风行，工作时独当一面，回到自己的爱人身边，也要从容面对。你可以性格开朗，外向，不拘小节，但是也不能忘记女人的本色。适时的温柔、体贴，并带上一点点的羞涩，正是男人所需要的。

■ 5

语言加点糖，男人也爱甜言蜜语

常听人说，"男人靠捧，女人靠哄"。这句话一点不假，男人总是好面子的，女人想获得男人的宠爱，不仅要关心他，照顾他，更要尊重他，维护他的面子。在适当的时候，对他说些甜言蜜语是必要的，这并非是男人的专利。

通常情况下，男人都喜欢对女人说一些甜言蜜语。其实，男人就是长不大的孩子，他们不完全是视觉动物，除了你的打扮会让他赏心悦目外，他也喜欢听你的甜言蜜语。

焦晴的丈夫在外忙碌了一整天回到家，刚推开门，焦晴劈头盖脸地就是一句："怎么这么晚才回来？"丈夫一听这话就生气了："我晚回来关你什么事？管头管脚，你样样都要管？"焦晴也生气了："我问错了？我问你怎么会这么晚才回来，又有什么不对？"

的确，焦晴的话是没有什么不对，她想要了解丈夫晚回来的

原因，包含着关心。那么，问题到底出在哪里了呢？让我们来看看，如果给这些话加上点无关紧要的"废话"，效果会怎么样。

假如焦晴对丈夫说："老公，你回来了。饿不饿啊？今天好像晚了点……"其实，你都不必再问下去，丈夫就会说明晚归的原因了。同样问询晚归的原因，加了几句多余话，却让人感到亲切和体贴。

有人说，女人要哄，男人要捧。但其实男人与女人一样，都喜欢被对方哄着、捧着，很多时候往往男人更需要女人哄。

对男人来说，同性的100句鼓励，不如女性的一句赞美有效。所以，女人不要吝啬甜言蜜语，当丈夫表现突出时，大方地说出你对他的肯定，"你真行""真令人难以置信"之类的赞美语句，这不仅能给对方极大的激励和勇气，让他更具自信心，也会让他觉得你更加善解人意了。

其实，婚姻都是平淡的，男人也总是容易厌倦的，一些女人身怀绝技，这门绝技可以让男人心甘情愿地爱她、宠他，这门绝技就是"甜言蜜语"。

聪明的女人会用自己的"甜言蜜语"不断地调节男人的情绪，让他对自己时刻保持激情。当然，"甜言蜜语"也需要一定的技巧，首先要记住对男人"甜言蜜语"不是一味地恭维，否则是难以收到奇效的。

要甜言蜜语，就必须去赞美他最得意之处，假如你身边的男人有一技之长，并以此为傲，那么女人最聪明的战术就是抓住这一点来说，就像挠的正好是痒处，效果自不必说。比如，他喜欢打篮球,你就夸他球技真不错;他喜欢写字画画,你可以说他笔走龙蛇、丹青传神。这个时候,他的心里一定是美滋滋的。

方洁新一家是小区里远近闻名的模范夫妻,她与丈夫结婚十几年了,她的邻居们几乎没有听到过夫妻俩拌过嘴、打过架,每天都是甜甜蜜蜜的,让人羡慕。

其实,方洁新自己心里明白这个秘诀就是经常给丈夫来些"糖衣炮弹"。他们刚结婚那会儿,也曾闹过别扭。当丈夫做了错事,方洁新每次都是直接说"你错了""你犯了一个严重的错误"之类的话,这个时候让丈夫感觉没面子,心里不舒服,渐渐地夫妻二人的关系大不如从前。直到有一天,方洁新的妈妈告诉她不妨试试"甜言蜜语",来个"糖衣炮弹",结果方洁新发现效果灵验得很。

当丈夫在犯下错误的时候,方洁新总是温柔地对他说:"老公,你那个方法真是不错,只是因为不太适合当时的状况,所以才……下次,我们需要再考虑得周全一些。"这个说法,一定比直接指责和批评来得更有效。慢慢地,丈夫也对方洁新的转变感到欣喜,两人更加甜蜜。

每个人都有优点,每个人也都会犯错误,夫妻之间能相容就不必苛求,可是当错误和缺点可能对婚姻造成影响时,就应该指出来要求对方加以改正。

最重要的是,你善于发现他身上的闪光点,哪怕是很小的一点,你也要不失时机地去夸他。例如,他今天和你一起做家庭大

扫除，累得满头大汗，你不妨说："亲爱的，你真能干。"在你下班回家后，他给你倒了一杯水，你可以微笑着对他说："你真体贴。"家里的马桶坏了，他没叫修理工人，而是自己修好了，你可以对他说："你真是太厉害了，什么都会。"

女人对男人的"甜言蜜语"不仅满足了男人的虚荣心，维护了男人的面子，而且像一个"能源管"，不断地给男人输送能量。

不过你要记住，你的"甜言蜜语"一定要是发自内心的，一定要有事实的依托，这样才能收到预期的效果，让他更加爱你。

6

偶尔"吃醋"也是爱情的调味料

嫉妒心是人之常情，也是爱情的调味料。一点小小的醋意，会让男人觉得自己被重视，男人会觉得这样嘟起小嘴的女朋友真可爱。

吃醋是门艺术，要拿捏分寸，适可而止。会吃醋的女人，偶尔娇羞，风情万种，却能让男人欲罢不能。

在工作中，刘凡是一个女强人，但是一回到家，她便瞬间成为小女人。当她听到老公大赞韩国女星漂亮的时候，她总是会很合时宜地娇嗔道，我帮你买票去韩国吧？这个时候，老公总是被刘凡的可爱逗乐，连忙点头说，我才不去呢，你又不陪我一起。

"醋"是刘凡和老公之间的调味剂。二人一起逛街，老公的眼睛开始不由自主地寻找美好的事物，这时，身边的刘凡故意脸色一沉，机灵的老公立马会说："那女孩的衣服穿在你身上一定好看。"于是，刘凡立即"扑哧"笑出声来，伸出兰花指头往老公额头上轻轻一点，娇嗔着一句："你呀！"这个时候，老公趁机一把

捉住她的小手不失时机地爱怜地说一句:"你个小醋坛子。"

在女人翘起小嘴或者说着一些气话之时,男人可以感受到她们的温存,并为自己受到关注与被爱而感到温暖。一个男性朋友说过,他的女朋友很容易生气,但是撒娇的样子实在是太可爱了,让他无论如何都舍不得怪她。其实,会撒娇的女人真是幸福的。

女人适当地吃醋其实也是一种示爱,如果连发现自家老公和别的女人有暧昧也毫不动容,这样的女人不是理智,而是迟钝了。喜怒哀乐原本就是人类正常的情绪发泄,感情之中缺少不了信任,但也不能麻木不仁。如果你爱对方,那么不要忘了表达。

其实,不管是男人还是女人,偶尔吃点"小醋"是相当有好处的,给对方的感觉会是甜蜜和在乎。但是,过分地"吃醋"却是一件非常可怕的事情,不但会伤害感情,而且会影响到男人的事业和女人的心态。

方杰的媳妇舟舟很容易吃醋,疑心很重,这一点,方杰是知道的。这么多年来,因为舟舟的吃醋和猜疑而导致两人发生冲突的事情并不少,可是他们的感情也一直很深,何况并没有真正的事情发生,每次也都是彼此生一时之气,过去就算了。

直到有一天,舟舟去方杰的公司给他送午饭,单位的另一位年轻女同事正巧和方杰一起从电梯里出来。当时,方杰和那名女同事正在说一个办公室里发生的趣事,方杰的脑子还在想那好笑的事情,便问这位女同事是怎么回事。这位女同事年轻貌美,虽然刚到单位没多久,却能说会道。这件趣事到了她嘴里,更是添油加醋,笑点十足。她讲得眉飞色舞，方杰听得哈哈大笑。正大笑时，方杰忽然看到门外站着媳妇舟舟，脸色铁青，一言不发。方杰的心里咯噔一下，赶紧让那女孩子出去，然后把舟舟拉进来，问她怎么了。

谁料舟舟突然就大发雷霆，在大厅里大声指责方杰和别人的女人勾三搭四行为不检，对她不忠。这样一闹，正好被方杰的上司看见，上司对方杰的好印象一落千丈。

会吃醋的女人能让男人感受到幸福，不会吃醋的女人只会让男人感受到痛苦。过分地"吃醋"不但会伤害感情，而且会造成婚姻破裂。

不要不分对象地"吃醋"。例如，老公对孩子的爱超过了自己，孝敬父母超过自己，或者是对自己的姐妹们比较热情，还有老公受到女上司的宠爱，甚至还有老公的职业本身就是要不断地与其他女人打交道……在这种情况下，女人一定要表现得大度。

不要不分场合地"吃醋"，这不但让男人和自己下不了台，也让其他在场的人尴尬不已。这种做法，不但损害了自己的形象，而且会给别人于口舌和可乘之机，聪明的女人会给男人和大家面子，同时也是给自己面子，待没人或者只有两个人在家的时候再"兴师问罪"。

《红楼梦》里，爱使小性儿的林妹妹堪称"醋后"，一天到晚把宝哥哥迷得神魂颠倒，相反宝姐姐无时无刻不表现出一种雍容大度，反倒叫人殊无意趣。这大概就是女人吃醋的魅力所在吧。你不必隐藏嫉妒和醋意，适时而恰到好处的嫉妒，可以证明你对他的爱与重视，满足男人的虚荣，让他享受一下被女人醋劲"宠爱"的滋味。

唯有柔软，才能精致

7

优雅女人懂得"回眸一笑百媚生"

《诗经》里有一句话叫"巧笑倩兮，美目盼兮"，它描绘出了女人笑容的最高境界。我们难以想象一个女人总是一张怒气十足的脸会是什么样子。其实，女性最美的表情是微笑，男人向来都十分迷恋女人的微笑，这是个不争的事实。

鸽子已经结婚7年了，每天都很勤奋地工作，早上匆匆忙忙地去上班，晚上带着一身疲惫回到家，洗洗就上床了，很少对丈夫笑，或对他说几句温存的话。在朋友面前，鸽子也总是疲惫愁苦的样子。

鸽子的闺蜜建议她每天多笑笑，鸽子决定尝试着改变一下。有天早上，鸽子把自己收拾得整齐漂亮，对着丈夫微笑着问候："早上好，老公！"丈夫惊愕不已，但是非常开心，从此以后，他们家的气氛变得轻松愉快多了。

当鸽子走出去上班时，她会对大楼门口的保安热情地打招呼，也对着那些平时看起来很讨厌的客户微笑。她很快就发现，每一个人同时也会对她报以微笑。她的工作开展起来更顺利了，人际关系也更融洽了。

微笑改变了鸽子的生活，使她完全变成了一个崭新的自己，一个如向日葵般灿烂的女子。

其实，女人的笑容不止有"回眸一笑百媚生"的魅力，其背后往往还蕴含了一种力量，这种力量对男人有着致命的杀伤力。它以温柔的方式化解你生活中的很多不愉快，引导你做一个快乐的女人。

朱自清先生曾经这样描述过女人："女人的微笑是半开的花朵，里面流溢着诗与画，还有无声的音乐。"的确，优雅的女人会将微笑时刻挂在脸上，似乎那已成为一种习惯，即使是浅浅的、淡淡的，但那是发自内心的、真挚的，是会让人如沐春风的。淡淡的微笑让女人更加优雅知性，同时也让一种自内而外的魅力自然地绽放。

女人虽然美的标准不一，但是微笑起来却很令人舒心；女人可能人人都清爽，却不是个个都会微笑。因此，懂得何时微笑和善于微笑的女人总是很迷人的。

欧阳夏丹一直凭借极具亲和力的主持风格和迷人的微笑颇受观众喜爱。她喜欢笑，笑起来犹如夏日朝阳。

小时候，每次考试之后，总有几个成绩不理想的孩子趴在桌子上痛哭不止，急得周围的同学们搜肠刮肚地想法子劝解。而她却

是个例外。尽管成绩一向很好的她也会有失手的时候,可是大家在她脸上却看不到一丝难过和失落,她总是回报以大家一个大大的微笑。

于是,几个要好的女同学私下里问过她:"你考试成绩不好的时候不伤心啊?怎么就没看见你哭过鼻子呢?"她脸上仍旧挂着蜜一般的微笑:"谁也不能时时刻刻都出类拔萃,只要我尽力做到了最好的自己,那就够了。全力以赴地付出过,剩下的就是乐观地面对生活。"

后来,她身患重病的父亲去世了,当时她只有16岁,家里的生活一度拮据到了极点,有时候一天只能用一个面包勉强充饥。然而,即使面对如此恶劣的环境,擦干眼泪的她仍旧面带笑容继续生活,并且在学业上取得了骄人的成绩。

对于职场女性而言,优雅得体的微笑可以帮你赢得很好的人际关系。即使别人用最锐利的目光盯着你,如果能报以微笑,而不是以眼还眼,对方的目光也会逐渐温和,并渐渐露出笑意。我们要把甜蜜的微笑时刻挂在嘴角。当你的微笑甜美而又自然,即使是生性乖僻、腼腆的人,相互间的隔阂也立即会在我们笑脸相迎的瞬间烟消云散。

女人的微笑是天底下最美丽的语言,恰当的微笑能够瞬间拉近人与人之间的距离,特别是在一些不熟悉的社交场合,当对方朝你点头,表示友好时,你报之微笑,那么陌生的关系之间就会增加些许亲近感。

学会微笑待人,清晨起来,对着镜子微笑,让自己觉得很开心，像化妆一样，整理自己的面部表情，嘴角微扬，面部放松，想象自己今天一定会得到更多人的赞美，然后带着微笑出门。辛苦地工作了一天，回到家中，给大家一个笑脸，给自己一个笑脸，营造良好的家庭气氛，才能有幸福开心的家庭生活。老公下班回家一定要让他第一眼看见的是笑脸。所以经常保持微笑，可以把正能量传递给家人，让他觉得轻松快乐，让他感觉到你的贴心和温柔。

微笑是离不开牙齿的。在古代，女子要以"笑不露齿"为美；在现代，这一标准早已被颠覆了。那么在你笑的时候不妨微笑，张开双唇，露出前面的6颗牙齿来，那样更自然、更真实。真正的微笑要以真诚为前提。一个女人发自内心的微笑，才称得上是真正的优雅迷人。在日常生活中，友好、真挚、楚楚动人的微笑，必将会散发出女性的芬芳气息。

第 5 章

深谙职场生存规则

WEIYOUROURUAN CAINENGJINGZHI

■ 1
聪明女人不做"女强人"

女强人，一个听起来令人生敬又生畏的三个字。听到这三个字，脑海里立刻浮现出一个身穿精致小套装、一头干练的短发、不苟言笑的脸的女人形象。然而，这样的"女强人"往往失去了女人味，她们的雷厉风行和不可一世，让人敬而远之。

水紫苋，外企高管，28岁前升任部门经理，30岁跻身公司高层，素以工作风格硬朗、严厉闻名于业内。

水紫苋几年来的"职业形象"未曾改变过，永远都是精干的短发，妥帖恰当的精致妆容，中性色彩、经典款式的职业套装。"商业行为在很大程度上是一场雄性活动，过分强调女性的美丽只会削弱你的权威性。"水紫苋颇为骄傲地说："你看看我的衣柜，清一色灰、黑、蓝，10年来我没有买过一条裙子。"

虽然水紫苋在事业上颇有建树，但是，同事们关注的从来不是她的能干和业绩，而是她的言行举止、穿着打扮。"看她笑的样

子,还有吃饭的速度,没有一点女人味。""好像从来没见她穿过裙子。""我和她一起出差,她步子迈得好大,路走得好快,简直和男人一个样。"……

水紫苡从公司基层一步步登上公司"二把手"的位子,一路上,始终有"闲言碎语"相伴。她苦笑道:"我为什么能成功?就是因为从参加工作那一刻起,就没把自己当作女人看待。相信他们没有恶意,可被我听到了,心里还是会觉得不是滋味。"

现在的职场女性,处在一个面临机遇同时又面临巨大压力的时代,因此一定要学会适当示弱,给自己减压。

聪明的女人懂得,不会为了工作而刻意去抹杀女人味。虽然说,职场竞争、事业突破、业绩和利润都需要刚毅果敢的思维和行动,但是还不够,职场还需要持久、耐力、弹性、快乐和轻松度。所以,作为女性,可以与男性互补,却不必非要装得跟男人一样强势硬朗,丢到了自己的女人味。

在职场中的女人如果太过强势,不仅在工作中不能拥有良好的人际关系,也会给自己的家庭生活带来影响。

刘佳今年27岁,在一家外企工作。最近,又一次得到升迁的她,发现随着事业的发展,一些生活细节正在悄然发生变化。同事们开始用"强势""精英""女强人"来形容她;老公也不再把她当作小鸟依人的姑娘百般疼爱了。

仔细审视一下,刘佳发现自己在工作上确实比以前更果断厉害,也更能干了,这是她一直所追求的。但在戴上"女强人"帽子的同时，她也倍感"不适"，同事的敬畏、老公的疏远，这让她觉得很压抑，甚至开始犹疑，"该不该继续这样强势下去"？

经过刘佳的长时间考虑，她决定让自己慢下来。她开始试着在工作中遇到问题会主动和其他同事商量，也不再把工作中的强势劲头带到家中。渐渐地，身边的人觉得刘佳变得越来越有魅力，她与他们的关系也越来越好了。

在很多人眼中，"女强人"就是缺乏女性特质的中性人，她们颐指气使，专横霸道，不会做家务，缺乏情调；男人们不相信一个女教授也可以做一手好菜，一位女经理也可以是一位慈爱的妈妈，一位女科学家也不乏生活的情趣。很多时候，人们还是不能摆脱传统的观念：男主外，女主内。女人一旦在事业上取得不凡业绩，必然以牺牲家庭为代价。

睿智的女人不会去做"女强人"，因为很多"女强人"，像男人一样强悍、刚毅、坚韧和能干，而女人能够称之为女人的东西，诸如美丽、性感、温柔、妩媚、浪漫在她们身上都变得麻木和多余。在男人眼里，她们是如此强势和高不可攀。

无论你有多成功，你的身份有多么显赫和尊贵，你都要牢记自己是个女人，是女人就要有女人味。女人失去了女人味就如同鲜花失去了香味一样可怜可悲。

不去做一个强势的工作狂人，时刻记得自己的性别。女强人只顾着抢夺着属于自己的半边天，任何时候都是一副坚强的面孔，看不到她们娇羞地靠在男人肩头，做小鸟依人样的柔媚，温柔早已没有了踪影。她们都忘记了女性的柔美其实是每个女人都必须掌握的

秘密武器。

男人在职场上通常对女性有天生的热心，一个聪明的女人能找到他们心理上的切入点，向他们示弱，便能获得他们诚心诚意、不求回报的帮助。人们常常以为女强人就是一副男人婆的样子，但事实上真正有本事的女强人，是很会发挥自己的女性优点的，并且还能利用女性独有魅力的长处，上下沟通，处世圆滑，成为一个团队的中坚力量。

■ 2
主动说"我错了",让女人更有魅力

职业女性中有个秘而不宣的小秘密:承认自己错了,常常能够让对方停止跟你的战斗。女人在职场中,犯错误在所难免,当对方提出的正确看法,你也应该乐于承认。聪明的女人懂得使用自己的"温柔刀",主动说"我错了",让女人更加有魅力。

著名主持人黄菡谈到和婚恋交友节目《非诚勿扰》主持人孟非的合作时,黄菡笑言自己被孟非"打击"到了:"每次我说什么,说完了之后孟非都会加一句'黄老师的意思是……'好像是给我翻译一样。他觉得我的表述特别'绕',要再解释一下才能让观众明白。"

虽然孟非的"翻译"有点打击人,但后来黄菡却"欣慰"地发现自己的观点被孟非"翻译"之后确实直白了很多,而且听上去很新颖。因此,在做采访的过程中,黄菡认为有错就改,才能让自己避免出现更多的错误。

勇于承认错误和失败也是女人职场生存的法则。如果是女领导,主动承认错误,下属会因此而尊重你,会更加心悦诚服地听从你的命令;如果是面对自己的朋友,朋友会因为你的坦诚,而变得更加信任你;如果是一位孩子的母亲,孩子会因为母亲的诚实,而待人真诚。承认错误为你赢得了更多的信任、尊重和理解。

在意识到犯下错误的第一时间里马上道歉是最好的道歉方式。因为拖延的时间越长,你得到原谅的难度就越大。而且通常在第一时间做出让步的人,往往更容易给自己一个台阶下,通常不用等待别人来指正或者引发争执,这样的人也更容易掌控主动权。

当然,及时道歉也要讲究方法。如果错误对工作造成了一定的影响,那么比较适合在会议这样的公开场合上进行道歉。这不仅有助于表达上司实事求是的工作态度,化解与下属的矛盾,还有利于团队价值观的强化,以及弥补和推进工作的进展。

萧晴所在的旅行社最近正在招兵买马,作为外宣部的萧晴负责编写网上招聘信息,结果刚刚发布的招聘启事第二天就被撤了下来。原来,主管发现萧晴在招聘启事上写到一条要求:凡应聘者都需要熟练掌握导游考试规定的八大景点导游词。

但实际上,导游考试的景点范围刚刚从八个提升为十一个,而萧晴显然忘记了相应的策略调整。虽然这一错误主管并没有当面指出,但是萧晴一直想着找个机会道歉。直到有一天公司开元旦晚会,萧晴趁着主管高兴之际,当着很多其他导游的面承认上次的错误并感谢主管对自己工作上的照顾,也祝在场的同事元旦快乐,能说会道的萧晴让主管很有面子,觉得在领导面前也涨了面子。在以后的工作中，主管对萧晴的态度更加和善了。

对于一些属于私人范畴之间的小摩擦，例如，因为某种态度、用词不妥、沟通不畅而导致的误会，可以适当选择电话或E-mail的方式进行沟通，或者是私下里进行面对面的交流效果也会很不错。尤其对于行事低调和内敛的上司来说，在私下的空间，能让双方在较平静的状态下进行沟通。这样既不会在公众面前张扬和放大上下级之间的恩怨，也会使上司和员工之间的私人感情慢慢培养起来。

同样，在感情的国度里，小女人往往自诩为骄傲的公主，她们享受一个高高大大的男人在自己面前"俯首称臣"的感觉。她们的爱情，与其说是爱别人，不如说是爱自己。甚至越是明知是自己的错，越是要耍公主性子，和男人死磕到底，让对方认错。可是终有一天公主们会明白，低头认错不是男人的专利，对方大可造反起义，到头来后悔都来不及。

有些女人吵过架以后担心自己先道歉，以后就会被轻视或没面子，其实这些都是小心眼的想法。聪明的女人是不会去计较谁先让步的问题，因为如果双方都无聊地固执己见，冷战就会变成热战，热战就会变成分裂战争，或是独立战争。到那个地步，再多的努力也难以将裂痕修复了。

男人的自尊一般都比较强，这时的女人应不失时机地说："刚才是我不对，别生气了嘛！"当然了，两口子吵架哪有谁对谁错，也许都有错，也许谁都没错，夫妻间的吵架根本就没有谁是谁非。因此，当女人"示弱"地说出"是我不对"时，也正是她最有魅力的时候。

3

多请教，人人都好为人师

人们都常说，"谦虚使人进步，骄傲使人落后"。做人要谦虚，职场新人更要谦虚。谦虚并不会贬低自己的身份，相反谦虚更能显出你的人品。可见，勤学好问"职场丽人"走到哪里都会赢得好人缘。

丁厦是一家公司的秘书，她性格温婉，所以公司的同事都对她特别好。每次经理出门要用车，都是由丁厦负责。后勤部门管车的方圆是个很难相处的人，她说话尖酸刻薄，对任何人都爱搭不理的，各部门人员要用车外出时，就必须向她赔笑脸，说好话。

但是丁厦自有她的妙法，在向方圆订车后，丁厦并不忙于放下电话，而是和方圆在电话里闲聊几句；工作做完的时候，到办公室找方圆聊天，诉说生活中的难题，等等。渐渐地，丁厦跟方圆越来越熟，她们成了无话不说的好朋友，订车对于丁厦来说自然不再是难事。由于方圆来公司的时间比较长，对公司的一些问题看得比较透彻，因此，她也会经常就丁厦遇到的难题发表自己的看法，这些建议和意见为初来公司的丁厦提供了不少帮助。

聪明的女人懂得在请教别人的时候要放低姿态。你既然是怀着获知的目的去请教别人，就应该放下身份，请教之后，礼貌用语要恰当。当别人给予你帮助后，你第一件事就是要向对方表示感谢。一方面是让他人有一种成就感，另一方面是为你在他的印象中博得更加谦虚的好印象，使得下次你再请求别人帮忙时，别人能愉快接受。

各行各业，专业知识极其广泛，任何一个人不可能把方方面面全部掌握。所以，工作中遇到困难时，多向别人请教，就会得到他人的认可。同时，也没有人会因为你的请教而看不起你或者拒绝你。

马艳是名牌大学的毕业生，家境优越。毕业后，通过自己的努力和父母的推荐，进入一家全国数一数二的广告公司工作。与她同时分配来的还有菁菁。菁菁来自西部的一个小城市，还是师范生，无论从学历还是从长相、家境，菁菁都不及马艳。然而，两年之后，菁菁却荣升为副经理。

在马艳和菁菁进入公司的第二个月，主任让马艳和菁菁统计公司的总销售情况，主任告诉马艳和菁菁如何按照区域划分，制定表格。在接下来的一个星期里，马艳运用统计原理设计了一个非常科学的表格，并用Excel做了出来。而菁菁却三番五次地向主任请教，然后按照主任的意思在Word里做了一个琐碎而繁杂的表格。

一周后，当马艳和菁菁将各自的表格交给主任的时候，主任对于马艳的表格明显不满，他说马艳太懒，没有统计详细的数据，

虽然马艳费尽口舌跟主任说了好久她的统计法则，主任还是坚持让她按照菁菁的格式重做一遍。主任给马艳的解释再简单不过："我看不懂你做的是什么。"私下里，马艳向菁菁诉苦，菁菁笑着对马艳说："你做得真的很好，可是就像买东西，你认为最好的东西顾客不一定会买。"

在你初到一个新工作环境的时候，你对一切都很陌生，不知道一项工作的来龙去脉，此时，向同事请教是最好的办法。

身为新人，对业务不是很熟悉，就需要向同事请教，更何况人人都好为人师，你虚心向他们请教，他们会很乐意为你解答。虚心向同事请教既能够帮助自己更快地熟悉业务，又能够赢得同事的好感，何乐而不为呢？

多向领导请教各种问题，使他感到你在他的英明领导下正在努力地工作，这样反而可以得到他的赏识和重用。不然，没有经验，则只能打下手，心理又不平衡，就会越搞越糟，使自己境地尴尬，甚至不懂装懂，让人笑话。

多向老员工请教经验上的问题。初来乍到，自然没有老同事懂的多，为了能使自己更好地开展工作、熟悉工作内容和避免经验不足的问题，一定要虚心地向他们请教，这也算是工作上的一种"捷径"。

聪明的女人懂得向男同事请教，因为男人在任何时候，都非常乐意被别人请教。好强是男人的天性，在女人面前他们总是喜欢扮演照顾别人的角色，当女人就某些问题征询他们的意见时，他们会觉得自己受到关注、被他人需要、被他人敬重，于是也就非常乐于提供各种意见，而向他们请教，往往会得到很大的帮助。

■ 4

尊重单位里能力不如你的"老前辈"

一些职场新人，往往认为自己综合素质高，无论是文凭还是文化素养都比其他人要好，因此便自视甚高，认为自己将来必是成大事的人，就凡事以自我为中心，不将那些企业中的老前辈放在眼里，认为自己迟早会取而代之，可结果，试用期还没过便被辞退了。

陈珂欣刚读完博士学位，便准备参加工作，恰好有家公司应聘建筑工程师的职位，她凭借自己的学历和学识，成功地应聘上了。但她必须先当原工程师三个月的助理。陈珂欣一直觉得她读的建筑业，对专业知识以及一些相关细节很是了解，因此对自己的师傅是口服心不服。

一次，她师傅领着她去考察工地，而她却跑到大马路上去呼吸新鲜空气，读报纸。原工程师对她的印象一落千丈。每当他拿出设计图与她一起分析并规划时，她总是懒洋洋的，随意地指手画

脚,虽然她说的都很到位,但那语气与眼神中的不屑一顾却令工程师大为恼火。

一个月还没有结束,她便收到了公司的辞退通知书,她大为不服气地去找上司,说自己绝对有能力胜任这个职位。但他的上司却很不留情面地说:"我公司要的是能够团结一致,上下一心的工程总指挥官,懒散、目中无人如何与手下配合默契,这是建筑工程,稍有疏忽就是性命之忧。"陈珂欣即便软下话来,依然无法扭转被辞退的结局。

当她去办公室收拾行李时,碰到了老工程师,她原本想上前去说话,可老工程师拿了东西,扭头便走了。

单位里的老前辈经受的职场历练很丰富,也正因如此,对工作的责任心以及事业心都很强烈。因此,当你表现出对他的不屑一顾时,他会认为你是个年轻气盛、浮躁之人,根本不适合这项工作,所以没有留你的必要。

即便他们的能力比你弱,地位比你低,但是他们为公司所作出的贡献是无人能比的,他们与公司有着千丝万缕的联系,不是你能力强就能够取而代之的。因此,如果你想要留下来,并有个好的开始和发展,就必须要尊重这些老前辈,抱着谦逊和敬重的态度,向他请教工作经验,主动为老前辈着想,这不仅能体现你的个人修养,冷眼旁观的领导还会把你视为可以栽培并重用的人才。

辛瑶瑶和几个新人一起到一家大型物流公司报到,试用期由公司的老业务员老陈带领他们做事。由于老陈年龄偏大,其他新人都跟着那些老员工喊他"老陈"。只有辛瑶瑶一直称他为"陈老师"。其他新人一旦没事做就围在一起闲聊。而辛瑶瑶却总是主动跟着同事跑银行交单。

好几次,老陈接国际长途电话,辛瑶瑶就默默地坐在一边旁听,细心地揣摩他如何同外商交谈,有时则悄悄地给陈老师递上一支笔,或续上水,或记录一些数据。每当老陈发言的时候,辛瑶瑶就认真地听,而其他几个新人则表现出不屑。通过这些细小之处,辛瑶瑶既工作扎扎实实,也表现出新人对"前辈"的尊重,老员工们看在眼里,都对她赞许有加。

试用期过后,辛瑶瑶是被公司留下的唯一一位应聘者。

尊重职场老前辈,这说明你是有涵养的女人,为人诚恳踏实,给老前辈留下好印象,等于你已经被接纳。大家关系融洽,心情才会舒畅,当你用敬仰的态度对待那些资质老练的前辈时,他们同样会给予你尊重,并且自愿将自己在工作上的经验倾囊相教。可如果你没有丝毫敬意,这不但影响了和谐的工作氛围,你的傲慢还会降低他人对你的评价。

经验比你丰富、阅历比你广的老前辈往往在小辈面前更看重自己的尊严和面子。因此,给他面子等于广开自己门路,同时这也是在与老前辈一点一滴的日常交往中为自己积累人缘。

即便他们地位不高,权力有限,但他们与权势名望均握的领导却有着一些亲密关系,因此,或许他对你的评价将直接影响到你在领导心目中的形象,关乎你的晋升之路。

即使你出类拔萃,也要尊重单位里的老前辈,他们之所以能

够久立职场,必有常人所不及的过人之处,不要低估任何人,更不要高估自己。作为职场新人,要摆正自己的心态,与老前辈相处融洽,才能有更好的成长。

■ 5
不要盖住上司风头

"尺有所短,寸有所长"。上司能力不如你,必有你所不及之处。因此,别轻视自己的上司,更别盖过他的风头,他的权力比你大,威望比你高,要想受到他的赏识,得到提拔和称赞,就只管做好自己分内的事情。

张冉是外国语言大学毕业,人长得清秀可人,身材也很高挑,讲一口流利的英语。每当上司跟外商谈判时,总少不了她,同事对她都赞许有加。但她的顶头上司与她相比,就逊色多了。

张冉刚进公司的时候,经理很看重她,因此对她很亲切,但在一次跟外商洽谈业务时,张冉用英语跟外商海阔天空地交谈,欢笑声不断,尽情展示自己的高贵与睿智,出尽了风头不说,竟然把经理冷落一旁。那感觉看上去经理才是她的下属。事后不久,张冉就被调到一个普通部门任职。

常听一些女职员抱怨自己的上司:"我们头儿,别的本事没有,就知道一天到晚瞎指挥,把我们指挥得像无头苍蝇一样乱转,往往是劳多无功。还每天自吹自擂自己如何了得,看了就让人心烦。""什么上司啊,真没品位,企划案做得连我做的都不如。"的确,常有一些人虽然坐在领导的位置,但本事却不如自己的下属,让人口服心不服。

但是,毕竟他是领导,掌控着你的饭碗,即便他敞开心扉与你谈天说地,也不表示你可以与他平起平坐。如果不想砸了自己的饭碗,就必须清楚,你无论如何优秀都要始终与领导"差一步"。

行事上不可锋芒毕露,若盖过上司,就是对他权威的挑衅,对他身份的不尊重。尤其是在公共场合,不能忘记身为下属的身份,喧宾夺主,与上司抢"镜头"是在跟自己的饭碗过不去。越位的结果势必是出局,这是职场的游戏规则。

桂敏杨是个很有能力的女人,由于在负责一个项目时崭露头角,成为公司管理层最关注的新人。对此,她的顶头上司非常有压力,好几次对她说:"你真是能干,不如我向管理层推荐你负责部门的工作,你认为如何?"每当上司这样试探性地说话时,桂敏杨赶紧极力推辞,并向上司保证自己会尽力跟她一起把部门的工作做好,还时常略带愧疚地说自己能力非常有限,根本无法独当一面,如果没有上司的帮助,她就是个无头鸟,只会乱冲乱撞。

这样一来,虽然桂敏杨没有得到上司的举荐,但两人的关系却变得越来越融洽,而上司对她的戒心越来越小,一些项目策划都会找她参与决策,这对桂敏杨的成长起到了很大的作用。一年后,上司心甘情愿地向管理层举荐了桂敏杨，让她得到了晋升。

女人，当你立功并且得到了表扬，一定要懂得将功劳归功于上司，还要不忘感谢同事的协助。立了功，看似光荣，其实是件特别危险的事情。

比如，当你有机会能同上司一起向上级汇报工作时，要时刻以上司为主，莫要抢上司的话头，除非他示意让你发言，但也应谨慎，按照与上司商定的思路去说，切忌与上司唱反调。而对于女上司，别穿得比她高贵。面对能力不足的上司，在他面前要尽量表现得笨拙些。要表现得恰到好处，千万别越位，别去抢上司的风头，有功劳要先想到上司，尽量都推给他。如此，才能让上司放下对你的戒备，开始欣赏并重用你。

当上司不在，需要处理一些基本问题时，你不能随意替他做出判断或执行命令，这是对他权威的轻视。即便事情微不足道，凭你的能力会处理得很好，也必须请示过上司后，按照他的指示去做。只有这样你才能一直保持自己在上司心里的良好形象。

别大胆地将自己摆在与上司同等的位置。俗话说，"端别人的饭碗，就得受别人的管"。将自己的位置摆正些，下属就要有下属的位置，当你不知不觉中抢了上司的风头，反而影响了自己的前途，那可真的很不划算。

谨记职场有一个潜规则：不要让自己的光芒盖过上司。如果你的光芒盖过了上司，大多数情况下，你都要付出惨重的代价。

6

聪明女人不说替上司做决定的话

现代女性，在工作中她们能独当一面，但是她们说话的口气和方式却犯了领导的大忌。领导或许能接受你的意见，而绝对不容许你替他做决定，你的越俎代庖，会让领导觉得你是自作聪明，对他不够尊重。

聪明的女人懂得，对上司可以献策，而非决策。

巽芳年轻干练、活泼开朗，进入企业不到两年，就成为主力干将，是部门里最有希望晋升的员工。一天，经理把她叫了过去："巽芳，你进入公司时间不算长，但你经验丰富，能力又强，公司马上要开展一个新项目，就交给你负责吧。"

得到公司赏识的巽芳自然是欣喜连连。一天，一名新项目组的同事去找出纳预支开展活动需要的2000元。出纳没有联系上经理，就找到了巽芳。巽芳心想经理已经把这个项目交给我了，于是就替经理下了批条。同事拿着批条去找出纳兑现，从财务上支取

2000元，以后补签字。出纳听了同事的话，也看见了巽芳的批条，就把钱预支给了同事。

等到经理回来之后，出纳把这件事和经理说了，被经理狠狠地批了一顿："巽芳说我已经同意，我就同意了吗？如果我没有同意呢？她是领导还是我是领导啊？不要说他们不会那么做，而是你做的不符合程序？没有领导的同意，为什么未经签字就同意借钱？这是工作的程序问题，是一个大问题。"因为此事，经理对巽芳有了很大的成见，最后还把这个项目给了其他人来负责。

很显然，在职场上一些女性因为能力比别人强，处处自以为是，即便在上司面前也不懂得收敛。不论何时何地都不要忘记自己的身份，没有哪个领导喜欢要求和他平等的下属，领导可能也想和你交朋友，向你嘘寒问暖，和你促膝谈心，但是不要因此就和领导"平起平坐"，领导和下属不可能成为朋友。

上司毕竟是上司，千万不要越位，这是职场的大忌。即使你心里觉得上司的能力不如你，在他面前也要摆正自己的位置。在公司无论事情的大小都有必要听取上司的建议，这样才是对上司的尊重。

大学毕业之后，钟黎明应聘到了一家广告公司做策划，专业对口，钟黎明工作起来如鱼得水。她格外珍惜这份工作，因此表现得很努力也很积极。

但是半年过去了，她的努力和积极似乎并没有给她的工作带来顺利。"我工作很努力，可是不知为什么，近来主管对我非常不

满意。"钟黎明委屈地说。她还没有明白,在工作中多次的"越位"举动造成了今天的被动局面。

前几天总经理召集策划部开会,策划部的四名成员都参加了。在会议过程中,总经理问一个房地产客户活动的策划要点,还没等主管发言,钟黎明便把自己的想法像竹筒倒豆子一样全部抖了出来,主管脸色有点难看但没说什么。

还有一次,钟黎明在接电话时了解到客户对策划方案的反馈信息,钟黎明见自己的主管不在,就直接把意见汇报给总经理,然后由总经理传达给主管。主管接到老总的信息后,就对钟黎明沉下脸来,从此之后,部门的很多信息就不让钟黎明知道,钟黎明非常被动。

当你找到一份工作,自然就会有一个直接上司,这个直接上司,在很大程度上,决定着你在公司里的职业发展。所以,不管在什么时候,都要对你的直接上司负责。

做一个学会示弱的女人,尽量做个倾听者,你要始终记得,你和领导永远不会站在一条线上,千万别想表现突出,过分表现,等于搬起石头砸自己的脚。

有工作热情是好事,工作态度积极也没错,但不要因此而让上司厌恶你。摆正自己的位置,在表态、汇报、工作、答问、场合等方面切记不要越位,做好自己的本职工作,上司喜欢的是这样"会来事"的下属。

每个人都有自身的弱点,不管上司多么优秀,还是知识渊博,也会或多或少地存在一些缺陷。当上司在做自己的工作时,这些缺陷还能够因为刻意遮盖而隐藏掉，但当上司实行管理时，缺点往往就会暴露出来，在这样的情况下，你只需设法在工作中，努力把上司的管理漏洞弥补掉，那么你就做到位了，或者说，你明里暗里在跟上司唱双簧，时间长了，上司自然会明白。但是，千万不能因为觉得上司不够好，就主动替上司"操刀"做决定，这样往往会驳了上司的面子。

与上司沟通最重要的一条就是不要代替上司做决定，而是在上司的同意的情况下针对其工作习惯和时间对各种事务进行酌情处理。

工作中忌急躁粗暴，多倾听和征询上司的意见和建议，少做一些不容辩驳的决定和争论，即使你可能是对的。即使对待能力不强的上司，同样要保持尊重，不擅自行动和做决定。这些如果你都做不到，就有可能遭受上司的冷遇。因此，凡是要量力而行，不可擅做主张。

第6章 不张扬显内涵

WEIYOURUORUAN CAINENGJINGZHI

1

太有"个性"的女人常常会输了自己

男人常说,太有个性的女人娶不得。太有个性,太有主见,说东就东,说西就西,万事都要以她为主,凡事稍不顺她的意,轻则生闷气打冷战,重则发脾气摔东西甚至回娘家。这样的女人谁敢娶呢?

在一家私营企业担任副总的方鹏,鼓励妻子沈星去考律师证,只是希望她能得到锻炼和提高。却没想到时光变迁,如今他被人排挤,从副总变成了一家分公司的经理;而沈星的事业却越来越顺风顺水,变得十分忙碌,也变得爱数落人,随着社会地位的提高,脾气也越来越大。

方鹏曾严肃地对沈星说:"我是个男人,在家里做什么都可以,但希望你能理解我,不要再说我。"但沈星听了就一声冷笑:"我知道你是个男人,现在我天天给家里挣钱,家里有什么事我也都尽量自己处理。我没时间做的时候,你不应该帮一下吗?你现在

这样闲,做一些家务活不都是应该的吗?"方鹏顿时哑口无言。以前他做领导的时候,家务活是从不沾手的。现在他体谅妻子,想多做一点儿家务活,结果不做被她训斥,做完了她又不满意。他冷眼看着对自己说话的这个女人,这哪是妻子,分明就是一个教管,不再像个女人,没有一丝柔情,甚至没有表情,只是一个冰冷的符号。

个性是女人的第二生命力,有了与众不同的个性才能展示一个真正的自我。然而,太有"个性"的强势女人往往会失去女人味,让人望而却步。女人太独立强势就显得不那么可爱了,通常独立强势的女人有了问题自己全部能搞定,男人就没有了优势,也丧失了一条交流的渠道。

恋爱时期的女人,应该多听取男人的意见,而少掺杂自己所谓的个性,如果男人可以心平气和地跟你解说,而你却坚持你那毫无根据的理念,坚持走自己的路,那么你所谓的个性、风格只能成为制造矛盾的导火索。

程静在机关单位工作,现在可以说是事业上已小有成就,但她的丈夫却于前几年下岗了,每天在家里洗衣、做饭,收拾屋子,在平常人的眼里,程静就是个不会做家务的女强人,甚至觉得程静和她老公之间不会有太多的幸福。但不知为什么程静每次提起自己的丈夫总是赞不绝口,而程静的丈夫也总是满脸笑容的。

有一天,程静邀请闺蜜去她家吃饭,并亲自下厨做了一顿非常可口的饭菜,并嘱咐闺蜜说:"我老公回来不许说是我做的,就说是我从外面饭店订的,这么多年他也不知道我会做饭。"听了她的话,有人很纳闷地问她原因,她却说:"你不知道,自从他下岗以后就没什么事干了,所以为了伺候我就练了一手厨艺,他也就剩这点自信了,我不能把他这点儿优势也给剥夺了,要不他还有什么可做的。女人呢,有的时候就得学会放弃自己的优势,学会依赖,以此来成就男人的自豪。"听了程静的话,大家都纷纷感慨道,女人不强势才更可爱。

强势的女人会让男人无法享受女人对他的依赖,会让男人产生严重的挫败感。因此,工作中强势的女人要想在爱情中光彩耀眼,必须收敛住自己的霸气,适时对男人示弱,低头学会迁就,保全男人颜面的重要性,让男人感受到爱的美好。

模特出身后做歌手的前法国"第一夫人"卡拉·布鲁尼,就一直小心翼翼地经营着"第一夫人",用低调温婉的风格消除人们认为歌手"爱出风头"的印象,虽然她的个头比老公高,但与老公在一起时总是小鸟依人,女人味十足,宛若一只乖巧的小猫,这些除了让她赢得心爱男人的宠爱之外,也让法国人慢慢接受并认可这位再婚的"第一夫人"。

谁都讨厌那种性情凶悍、泼辣的女人。是女人,就应该做一个让世界因她而更温馨、更美丽的女人。女人不能太强势,太强势的女人除了吃软饭的男人肯接受之外,她们的婚姻总会走向衰败。

个性太强的女人的魅力是要打折扣的。女人个性太强有三点坏处:一是自己活得太累。这样的女人大事小事从不糊涂,在生活中的任何方面都有自己独到的见解,越看得清楚就越不想输于他人，这样势必会身累心累。二是夫妻关系难处。她希望丈夫比外人强，但自己又不能弱于他，这种矛盾心理本身就会影响夫妻关系，同时，她又容不得丈夫犯错误，丈夫一旦犯了错几乎不给改正的机会，家里的事情她不但做主，而且能讲一大堆理由。三是同事、朋友关系紧张。因为她总想胜于人，总想说了算，就很难容得下和自己意见相反的人。

个性太强的女人婚姻家庭的幸福指数都不高，因为她们太强势了，而让男人失去了自我，所以女人无论你当多大的官，拥有多少资产，只要你迈进了婚姻的大门就别忘了一点——你是女人，是妻子、媳妇、女儿还有母亲。

2

清高的女人也要放低姿态

我们众所周知的柴静，随着她眼界的不断拓展和阅历的不断叠加，她的思想也发生了变化，她认为："我觉得被人尊重也不重要，为什么一定要被人尊重，老有一个'我'的想法呢？放弃这个被放大的'我'，并不意味着就泯然众人了，而是说，现在的这个'我'本身更大，能包容下更多的东西了，因为以前冀求的'尊重'已经变得理所当然，唾手可得了。"

放低姿态是一种智慧的表现，可以让你收获欢乐和财富，高姿态是一种虚荣心，是一种清高自大的表现，俗话说，"骡马架子大了能驾辕，人架子大了不值钱。"高姿态下的真实能力才是一个人可以炫耀的资本，这往往比吹嘘的东西更能够让人信服。

许硕是一位留学美国的计算机博士，毕业以后想要留在美国工作，她原本以为凭借自己的学历、能力和技能可以获得一份满意的工作，可是却被接二连三地拒绝了。

这个博士为自己拥有高学历却无法获得工作而羞愧，当她再次找工作时，她便将自己的学历隐藏了，以一种低姿态去求职。

但是出人意料的结果是，她很快就被一家电脑公司录用了，做一名普通的程序录入员。她不在乎自己的博士学历，只做了一名程序录入员，她兢兢业业，认真负责。老板通过观察发现她很有能力，她可以在程序中找出错误，这在以往的录入员中从没有出现过，她这时才拿出自己的本科学士证书。于是她被调到了需要本科学历的岗位上，但是没多久老板发现她对新工作也处理得井井有条，并且提出的建议都具有价值，这种程度明显高于其他本科生。这时她亮出了自己的硕士毕业证，她再一次得到老板的提升。

她的技能和特殊行为引起了老板的注意，老板开始关注她，没有多久老板觉得她比硕士生更有能力，她对于专业知识的认知度、深度、广度都比其他人更深刻。老板跟她进行了一次彻底地谈话，她才道出了求职的原委。老板肯定她的能力、专业知识的同时认为她可以放下自己是博士生的高姿态做一名普通的程序录入员，这一点是难能可贵的，于是没有丝毫犹豫地重用了她。

任何工作岗位都不需要自命清高、狂妄自大的人。摆出清高的姿态只会让我们与人心的距离越来越远，女人在职场上要通过自己的能力而被人信服，不是"摆架子"让人敬畏却嘲笑你只是个空壳子。在家里面要适当地表现出自己的"无能"，让男人有足够的自信心和荣誉感，可以在外做女强人回到家变成温顺的小女人，这样的婚姻才是幸福的。

男人是天，女人是地；男人是钢，女人是水。所以，女人天生可以被男人爱护和关怀,和爱自己的男人在一起,再能干的女人也一定能够示弱,柔弱才是男人最喜欢的女人的美。

维多利亚女王在深夜处理完各项事务后,回到了自己的卧室,可是房门关得紧紧的,她在门外敲起门来,房间内他的丈夫阿尔伯特公爵问:"谁?"她习惯性地回答:"我是女王。"门没有被打开,她接着语调威严地回答:"维多利亚。"门还是没有打开,她徘徊很久,再轻轻敲门,里面应声问:"谁?"她温柔地回答:"你的妻子。"门打开了,一双手将她拉进了房间。

在男人面前示弱是一种智慧的表现。无论你在外面多么光鲜亮丽,在别人眼中多么的"女王"范儿,回到家,男人只希望你是她的小女人,希望他是你心中的骄傲和依靠。男人最引以为傲的是他有能力保护和照顾自己心爱的女人。若是在任何事情上你都可以处理,不需要他的帮助和承担,慢慢地他就会丧失这份骄傲,感受不到你女人的一点点温存,你们的幸福温度也会逐渐减低,到最后以不完美的结局收场。

一段幸福的婚姻关系中,男人要承担的是一个家的责任,而女人要扮演好的只是一个妻子的角色。男人的肩膀就是让女人依赖的,当男人觉得你不再需要他时,男人的责任感、自尊心都会受到伤害,在双方付出的感情关系中就失去了平衡,幸福就会离我们越来越远了。

3

别太把自己当回事儿

太把自己当回事儿的女人是清高的,然而,这种清高往往会给人一种距离感。所以,摆好自己的位置,端正自己的态度,不要想着不切实际的梦,高估自己的结果只会让自己受伤害。

文心和言清结婚一年多了,一直以来,言清对文心很好,可是最近他们俩却闹起了离婚。不是因为小三,不是因为婆媳,而是因为文心咄咄逼人的态度,文心总想在婚姻中占据主导地位,对于言清的想法不会很用心地去了解,对言清也不够温柔体贴。文心一直以为自己做些很家常的事情,就能够维持婚姻了,却疏忽了生活中的很多细节。

刚开始文心和言清出现了不和谐的感觉,言清总是不回家,住在单位宿舍,或者是和单位的人打牌。而文心心里却想,反正丈夫长得不帅又没有多少储蓄,能找到我这样的媳妇算他走运了,不管他怎么闹,早晚也得回来。言清见文心对自己不闻不问,一点也不关心自己，心里彻底失望了。几个月后言清向文心提出了离婚，文心当时就吓傻了，觉得丈夫居然如此"大胆"，直到言清将离婚协议书放在文心面前，她才幡然悔悟，是自己太把自己当回事儿了。其实，这期间只要文心服软、认错，事情就都解决了，可是，文心就是没那么做，还死撑着。到最后，一切都已经来不及了。

所以，会示弱的女人，不会把自己看得太重，就不会失重；不会把自己看得太高，就不会失落。

如果一个人太把自己当回事儿，太看重自己，把自己看得多了不起，甚至自以为某家单位、某个部门离开了自己，别人就没有能力接管，机构就不能运转；甚至以为自己在某项工作上已经取得了成绩，这项工作离开了自己别人就不可能取得成绩，不可能做好，这就大错特错了。过于骄傲、盛气凌人的女人会给周围的人一种无法喘息的压迫感，这样下去，早晚会吃大亏。

有人曾经问拥有一双弯弯的月牙眼睛的陶虹，她的快乐秘笈是什么。陶虹的回答是："我们如果不把自己看得太重要，得到快乐就容易许多。我也有过站在人群中感到彷徨紧张的时刻，但是再想一想，其实我和大家一样并没有什么不同。那我的不快乐放在这茫茫人海中就显得很渺小。"

著名表演艺术家英若诚曾经回忆，他生长在一个大家庭中，每次吃饭都是几十个人坐在大餐厅中一起吃。有一次，他突发奇想，决定跟大家开个玩笑，吃饭前，他把自己藏在饭厅内一个不被注意的柜子中，想等到大家遍寻不着时再跳出来。令他感到十分尴尬的是，大家丝毫没有注意到他的缺席，酒足饭饱，大家离去，他才蔫蔫地走出来吃了些残汤剩菜。

从那以后，他就告诉自己：永远不要把自己看得太重要，否则就会大失所望。

在工作中，离不开团队的合作，每一个人都是必不可少的重要"零件"之一。聪明的女人懂得谦卑，即使你在某项工作中发挥着主导作用，也不要表现出一副盛气凌人、无我不行的样子。不然，总有一天会遭到同事们的反感和嫉妒，自己的位置也会被别人取而代之。

在生活中，遇到烦心事了，你得听人劝，千万别跟自己赌气。在爱情中，不要总是想着在男人的心中排第一位，如果任性地非要他在爱情和亲情中选择其中的一个，结果反而会令你失望。

往往锋芒毕露，大事做不来，小事又不屑于做的人最容易吃亏。其实，也许你身边藏龙卧虎，就是平日不显山露水的"小人物"，关键时刻也可能发挥出令你吃惊的能量，甚至能决定你的去留。所以，千万别让自己的小聪明使自己沦为众矢之的。只有你不太拿自己当回事儿，别人才会把你当回事儿。

■ 4

懂得自嘲的女人惹人爱

宋丹丹曾经在微博上调侃说：杨坤说李静腰上有三个救生圈。李静说，"我用大脑工作，不用腰。而且，我前面有桌子挡着，救生圈越往上长，我的桌子可以越高"。由此可见，这个女人聪明幽默并懂得自嘲，女人一旦学会自嘲，无敌了。因为自信才敢自嘲，自信的女人最美丽。

著名的女主持人杨澜，还在担任《正大综艺》节目主持人时，曾被邀请为某市的一次大型文艺晚会担任主持人。出人意料的是，在晚会中途时，杨澜不小心在下台阶时摔了下来。在这种大型场合出现如此情况，确实令人尴尬。但杨澜非常沉着地站了起来，睿智地对台下的观众说："真是马有失蹄，人有失足呀。我刚才的狮子滚绣球的节目滚得还不熟练吧？看来这次演出的台阶不是那么好下哩！但台上的节目会很精彩的，不信，你们瞧他们。"杨澜这段自我解嘲式的即兴话语非常成功，不但使自己摆脱了难堪，更显

示出了她非凡的口才,以致她话音刚落,会场就立刻爆发出热烈的掌声。

其实,自嘲就是通过一种自我嘲讽的方式来摆脱尴尬的局面,并宣泄自己的郁闷情绪,帮助自己制造快乐的心理,有时候,运用得好,也能成为反击别人的武器。给自己一点自嘲式幽默,抱一种打趣的心情来对待自己没做好的事情,定会乐在其中。

真正有自信的女人敢于用幽默的方式让自己全身而退。自嘲的女人最有亲和力,即便是遭遇尴尬的时候,她们也不会面红耳赤,恨不得挖地三尺去逃避,甚至怒火中烧。她们总能豁达地承认自己的不足,既博大家一笑,又展示了自己的坦诚和睿智,所谓的难堪当然也就不复存在了。

有一位著名的外国女演员,因为身材有些走样经常被一些媒体讽刺。但是,她却丝毫不介意,反而喜欢拿自己的体形进行自我调侃:"我不敢穿上白色游泳衣在海边游泳。我一去,飞过上空的美国空军一定会大为紧张,以为他们发现了古巴。"一句自嘲,摆脱了窘境,大家反而觉得这位胖女士有可爱的性格和豁达的心胸。

当年,李娜击败法网卫冕冠军,英国广播公司(BBC)在其网站首页的显著位置这样写道:29岁的中国姑娘李娜凭借强有力的发球和极具杀伤力的底线回球,成功抵御住对手、赛会5号种子斯齐亚沃尼的反扑,用时1小时48分钟击败了卫冕冠军。对于报道中直接写了李娜年龄一事,李娜在接受采访时这样说:"当我还是一位年轻运动员的时候,我就梦想有一天能出现在大满贯赛事的决赛中。今天，有些人说我老了，但是老女人使自己梦想成真。这非常不容易。"在场的记者都被她自嘲式的幽默给逗笑了。

其实很多时候，女人自嘲式的幽默不仅可以帮助别人摆脱难堪，还给自己一个台阶下。这个时候女人所赢得的称赞，往往不是在夸耀你的语言功夫，而是你的人格魅力。最重要的是，你因此而化解了很多矛盾，也赢得了很多朋友。

很多时候，女人会遇到这样的情景：在人与人交流沟通时，对方突然间不再说话，整个气氛一下子变得格外沉闷。在与人交谈中，当你处于尴尬的境地时，借助自嘲能使你体面地脱身。自嘲要求你具备豁达、乐观、超脱的心态和胸怀，同时，还要充满自信。只有足够自信的人才能够拿自身的失误、不足甚至心理缺陷来"开涮"，不刻意遮掩自己的缺点和不足，反而将它放大、夸张。最后，巧妙地引申发挥、自圆其说，博得众人一笑。

其实，做到自嘲并不难，如果你在经济上遇到困难，陷入窘境，或者是经济上受到不合理的待遇，甚至是因为你的生理缺陷而遭到别人的嘲笑或受到无端攻击时，你都可以采用阿Q的精神来调节心理。比如自己对自己说"吃亏是福"等，来调节失衡的心理，来调侃自己，帮助别人把他们想说的话说了，从而堵住他们的嘴或者干脆就开始装糊涂，表示不清楚，这些都是自嘲的方式，当然如果条件允许，你最好也来幽他一默，让他尝一下被嘲讽的感觉。

5

不要随意自夸

女人的天性中就有一股虚荣心，往往比男人的要重。有些女人总是爱炫耀，总是说自己多么有钱，自己的东西有多么好，完全不会顾及其他人的感受。其实，这种"孔雀心理"归根到底是一种膨胀的虚荣心，而炫耀、攀比是永无止境的。所以，有"孔雀心理"的人不仅常常会感到不快乐、不满足、不幸福，还会让身边的人厌烦。

26岁的止盈特别喜欢在办公室里炫耀，只要她周末一上街，第二天整个办公室的人都会知道她买了多少名牌。止盈买了一双名牌的鞋子，本来想去办公室得到同事们的羡慕和称赞，结果大家都没有太在意。于是，止盈在和同事们去吃午饭等电梯的时候，她冷不丁地冒出一句：新鞋子穿得脚疼。大家只能象征性地称赞几句，其实对止盈的行为很是反感。

不久前，办公室里的胡雅欣刚刚结婚，手上戴了一枚婚戒。

止盈看见以后,故意将自己手上的订婚戒指取下来在胡雅欣面前晃悠,边显摆边说:"哎呀,我男朋友真是抠门儿,订婚戒指才花了一万多元,真是没有诚意。雅欣啊,你的结婚戒指肯定很贵吧?"胡雅欣一听没好气地说:"没你的贵,我这才2000多元。"然后,止盈故作惊讶地说:"2000多元居然可以买到戒指?"胡雅欣当时被气得够呛,起身离开了。

一般来说,人们总是对自己所经历的事情感兴趣,对和自己无关的事不会太关心,因此在与别人交谈时,尽量少谈自己,不要喋喋不休地夸耀自己的工作、生活、孩子等,除非双方都感兴趣,否则还是谈点儿别的话题为佳。要知道别人口中对你的赞美,那才是你真正的价值所在。想靠自己的夸夸其谈来让别人对自己另眼相看是不可能的。

适当的自我表扬是好的,但是喜欢在办公室里刻意炫耀自己,不管怎么说都是缺乏涵养的表现。每个人都希望在工作中能勇于展示自己的才华,但展示毕竟不同于炫耀,上司欣赏你过硬的技术本领,你就应该在这个舞台上展示自己的风采,而这不能成为你在同事面前炫耀的资本;你谈成了一笔业务,上司悄悄给封了个"红包",你可以心花怒放,也可以喜形于色,但你"得意"不要"忘形"——你用不着在办公室里自我炫耀、自我吹嘘,众人在恭喜你的时候,说不定也在嫉恨你;同时你的"炫耀"会让没有完成业务的同事受到打击。

大学毕业后,扬扬进了一家国营企业,在办公室做事。她虽然年轻稚嫩，但面对反应迟钝、对领导点头哈腰唯唯喏喏的办公室主任老郭，扬扬觉得自己在各方面都有优势。办公室工作难度最大的是写各类报告和发言稿，看着老郭常年戴着一副老花镜、整天冥思苦想的样子，扬扬觉得既可笑又可怜。她主动请战，把那些枯燥乏味的撰写报告任务揽了下来。老郭如释重负，连声道谢。

但是，扬扬的主动请战，并不是为他人服务，而是有自己的想法。主任年事已高，在言谈举止等方面都无法与她相比，科班出身的她写工作报告、发言稿更是得心应手，她希望让大家尤其是领导能有机会看到她的能力和才干，最终由她来顶替老郭的位置。

一次，总经理需要完成一份学术论文，请她帮忙，扬扬终于看到了机会。于是，仗着领导的重用，她反客为主，开始指派老郭以及安排办公室的一些日常事务。并且在办公室里，她总会动不动就把自己的专业知识搬出来卖弄，说领导如何器重自己，这让别的同事颇有微词。但老郭依然如故，始终笑嘻嘻的，就算面对扬扬的指手画脚，他也依然保持着那份招牌式的笑容。学术论文她完成得非常漂亮，总经理很满意。

只是事情并不如她想的那么简单。两年一度领导换届的结果，老郭以遥遥领先的票数继续留任主任一职，扬扬获得的只是领导的口头表扬和鼓励。不服气的她直接去找总经理，总经理笑眯眯地告诉她："做领导仅有能力是不够的，更需要经验和能够服众的品格，你还年轻，好好学着点，人外有人，要继续努力！"总经理的话让她似懂非懂，但回到办公室看见其他员工对"平庸"老郭的尊重和支持，她似乎明白了自己究竟输在哪里。

同事多年相处就是一种缘分，就是一种和谐。那些喜欢"炫耀"自己的人总是会打破这种和谐的场面，让自己成为众矢之的，引起公愤，老板也觉得你这种人藏不住事情，渐渐地也会疏远你。所以，要懂得低调行事，不该说的事就要让它烂在心里。

有人像孔雀一样，整天忙着向人炫耀自己美丽的外衣，好积攒这些别人赋予的骄傲与荣耀。虚荣的女人如同骄傲的孔雀，跟她们相处，会让人觉得很不自在。

在现代社会过于强调成功的大环境中，"孔雀心理"容易让人陷入困境，进而导致身心疾病。因此，聪明的女人切记不要对自己过分苛求，对身边的人不要期望过高，不要动不动就给自己找一个假想敌，与人处于竞争状态，这样只会让你更加紧张。生活充实、心态轻松，便是知足常乐。

增加自己的满足感，会让自己变得容易满足。虽然很多人都觉得容易满足的人不思进取，但是对于"孔雀心理"的女性来说，这样不仅可以减轻孔雀开屏时的炫耀感，还能将自己升华到幸福的状态。

周国平在《我心中的好女人》一文中说："虚荣难免，有一点无妨，还可以给人生增添色彩，但要适可而止。"过分的虚荣，就像过量地涂抹于面皮上的浮彩，过多的坠挂于身上的饰物和穿加于身的颜色，在让人些许眼花的同时，难免厌烦。

6

做了好事也别张扬

生活中往往不乏这样的人，辛辛苦苦为别人做了好事，却没有被感激反而还遭到厌恶。这样的问题往往出在聒噪的嘴巴上，四处广播的"小喇叭"将自己做的好事弄得人尽皆知，让本来很感激你的人也只能远而避之。

晴雪是一家中外合资企业的一名小员工，平时见着公司大老板的次数有限，直到有一次大老板的秘书将晴雪叫到办公室。原来，晴雪的父亲是某单位的领导，公司有一个投标项目需要得到局长的审批，晴雪的老板想通过晴雪顺利拿下这一项目。晴雪当即表态："多大点儿事啊，您是没让我去，如果让我去，这件事立马就能办下来。"坐在一旁的人事部经理、市场部经理都对晴雪嗤之以鼻，晴雪却不屑一顾，信誓旦旦地夸下了海口。

没过几天，晴雪真的把事情办成了。为了公司的名声，老板特意嘱咐晴雪这件事情越少人知道越好。谁曾想，兴奋过头的晴雪觉得自己为公司立下了汗马功劳，总是时不时地向身边的同事说起此事。结果，没几天公司"走后门"的事情就在业界弄得人尽皆知，对公司的声誉造成了很大的影响。最后，老板随便找了一个借口将晴雪辞退了。

做了好事想让人知道，也在情理之中，可是这得分是什么事情。有时候，朋友同事请你帮忙，正是因为信任你才会来找你，帮忙办完事情别人自然会感激你。然而，有些事情别人或许并不想要人尽皆知，你若不合时宜地"广播"一番，反而会让本来心存感激的人对你心生怨恨。

做一个低调内敛的女子，即使你帮了别人天大的忙，不要一做好事就使劲向同事们炫耀自己的办事能力有多强，炫耀每天有多少人请你帮忙，某人昨天又硬是给自己送了礼等"得意之事"。这样的话，别人听了之后不仅不会分享你的"得意"，而且会让求你办事的人极不高兴，他们会觉得你是在嘲笑他们的无能。

聪明的女人知道，做了好事要等别人主动来说，而不是自己为自己"广播"。

郭楠刚刚进入一家国内知名的电气公司，任职于技术开发部。她好学，基础又好。而且她知道，在这里，创新和业绩是职业发展的关键。

几天前的一个晚上，她突然灵光一闪，想到了一个新型家电组合的产品构思，当时兴奋不已，觉得这一构思很有开发潜力，会

给公司带来可观的利润。于是，第二天，她便把自己的策划书放在了上司的办公桌上，上司看到后，很高兴地夸奖了她。但是，这样的策划方案通常是由高层级别的领导才有资格在董事会提出，于是，上司特意将此事告诉她，如果方案通过会特别奖励她，请她不要四处声张。

果然，这个方案顺利通过了。正当上司高兴地打算给郭楠升职加薪的时候，却意外发现公司里很多人都知道上司的这个方案实为郭楠"代笔"，上司虽然很生气，但是，既不能当面指责她，又咽不下这口气。没过几个月怒气未消的上司便找借口将郭楠调到了一个效益不太好的部门。

当我们在送人情的时候，不要拈轻怕重，要举重若轻。即使你帮了别人很大的忙，也不要表现得像邀功的小丑一样，相反，要保持冷静，表现得和往常一样，若无其事。朋友之间常有这样的应答："哎呀，可太谢谢你了。""咱们，谁跟谁啊，没事。"这其实就是举重若轻，朋友找你办的事，若别人能办得成，朋友也不会找你了。所以，你能办成肯定有功劳，用不着你自己再去炫耀，你应该学乖点，不能以此自夸。这样反倒会让朋友更加器重和感激你。

人们常说，"予人玫瑰，手留余香。"可见，帮助别人的同时也是在帮助自己。同时，助人为乐有时也需要技巧和分寸。

帮助别人虽说是一件好事，但也不用处处宣扬，更多的时候，宣扬自己会达到相反的效果。不仅会使当事人面子上挂不住，还会令别人的自尊心受损。自尊心强的人会认为是对自己的同情与可怜。

无论是职场还是生活中，女人要想取得好人缘，一定要低调做人。帮助了别人，等别人主动自发地来感激要远远比自己邀功炫耀来得聪明。

第7章 成全男人怜香惜玉的英雄情结

■ 1
做一个懂得示弱的女人

俄罗斯著名心理学家凯琳娜·穆尔塔扎洛娃曾经说过:"女人对男人有很多误解,如男人就应该主动一点;男人喜欢口无遮拦和直率的女人;你对男人越糟糕,他对你就越好。"其实恰恰相反。真正智慧的女人总是明白在家庭中要适时示弱的重要性。战略性地让男人占占上风,才能赢得更多宠爱。

许菲是某大公司的高级主管,每个月的工资都有五位数。老公只是个普通生意人,每月盈利还不够她的一半,可她每次和老公外出与朋友聚会闲谈时,都会说自己每个月会用掉老公多少钱,老公经常给她买了什么东西。

而事实上,她老公最近几年做生意一直不太顺,由于同行的竞争太激烈,生意越来越难做。而她却常常用自己的工资收入适时地"照顾"老公的生意,还故意在他面前说自己单位的效益不好,只跟老公说自己工资的一半,自己可能随时面临裁员,以后得靠他

养着。

许菲在充分照顾老公的面子和自尊的同时也保全了自己婚姻的稳定和幸福。老公在朋友面前有了面子，心里更觉得许菲是个善解人意的女人，对她的疼爱更增加了几分。许菲下班晚，老公会去接，节假日时许菲吃着老公做的节日大餐，别提小日子过得多舒服了。

有这样一个比喻，男人是大拇指，女人是小拇指，彼此的角色扮演好了，日子才能舒服。也就是说，女人只有懂得示弱了，才能顺理成章地和男人进行小鸟依人和撒娇的沟通，才能给自己贴上可爱的标签，享受婚姻生活带来的甜蜜。

爱情是一场看不见硝烟的战争。有时候我们必须表现得非常强势，有的时候，我们也不得不战略性地让男人占占上风，满足他们的尊严。平时我们大可以装傻、装笨、装乖巧，佯装退让，其实只是适当满足男人的尊严，迎合他们的保护欲，最终以柔克刚，将百炼钢化为绕指柔。

婚姻不是童话，其中不可能没有矛盾，但面对矛盾不应该全都针锋相对，有时候需要互相迁就一下。作为女人应该明白，男人这种动物，你跟他"硬碰硬"只能让事情变得更糟，而若是变换个角度去想问题就不一样了。事实上女人只要得到丈夫的专一和疼爱就是最大的实惠和幸福，只要得到了想要的结果，为什么还要计较过程，何必事事争强好胜呢？女人退一步，主动对自己的男人示弱，他会因为你的示弱和宽容更加爱你，因为多数男人对弱小的事物都有一种迁就和保护的心理，更何况面对他的可爱妻子呢？

当然，战略性地让男人占占上风，并不是要求女人完全失去自我，对男人言听计从，生活在男人的眼色之下，完全丧失发表意见的权利。而是强调一种婚姻的智慧，一种让自己幸福的智慧。这种智慧需要女人用爱心和宽容，以示弱的方式去演绎。女人若是太好强，婚姻是很难幸福的。因为男人就是男人，即使你在外面比他更强，但是回到家里，还是要假装是他给你撑起了一片天。

不妨，从现在开始，做一个懂得示弱的女人，那是我们"驾御"男人的一种手段，也是我们开启幸福之门的金钥匙。

2

在场面上给男人足够的面子

女人总是喜欢丈夫对自己唯命是从,因为女人觉得这是证明自己在他心里是多么重要,他是多么爱自己。于是很多男人都患上了"妻管严",但是女人也应该明白,男人怕你是因为爱你,但是他爱你并不代表他不在乎他的面子,如果你在他的朋友面前,肆无忌惮地教训他,他绝不会吃你那一套。要想让他爱你如初恋,在众人面前,就请像绵羊一样顺从他吧。

"在我朋友面前都不知道给我留点面子吗?你一点也不懂事。"

"你只在乎你的狐朋狗友,根本不在乎我的感受。"

"要是不在乎你的感受,我会带你去我哥们儿的聚会吗?"

"你还是冷落了我,只顾着跟你的朋友们混在一起。"

"不带你来我们的聚会,你说我不愿意把你介绍给我的朋友,带你来我们的聚会,你又说无聊冷落了你,你总是有理。"

……

这种吵架的台词,经常出现在电视屏幕上。其实在现实生活中也经常出现,归根结底是女人没有给足男人面子,男人视如生命珍贵的尊严和面子,随便被你几句话就贬得一文不值了。

有一天一位男士对着他人吹牛,说自己在家里是绝对的"一把手",自己说什么老婆都得听,"她老实得和猫似的",他还比喻说:"在家里,我是老虎!"

正说到这儿,有人拍他的肩膀,他转身一看,脸刷地一下变白了。原来他老婆不知道什么时候来了,正站在他的背后,怒目以视。

他知道自己闯了祸,浑身不自在。只见妻子瞪着他问道:"刚才你说什么?你是老虎?那,我是什么?"

丈夫十分难堪地说:"我是老虎,你是武松啊!"

老婆这才满意了:"这还差不多!"

在场的人们哄堂大笑。这个怕老婆的家伙已经是满脸窘色了,脸羞得像一块红布。

尊严对于一个男人就像生命一样珍贵,男人对于女人的忍让和退步,是因为在男人的观点里"男人保护女人是天经地义的"。即便自己委曲求全也不希望自己的爱人受到伤害,因此,要做个适度的女人,不要因为男人一再忍让的好脾气而咄咄逼人,若是损害了他的尊严或者面子,很可能就抹杀了你们经营许久的爱情。

一位科长的老婆,平时在家里,总是对他指手画脚,命令他做家务,打扫房间,从来不在乎老公的地位。但是一旦有客人来家里

拜访，老婆就会变成乖巧懂事的小女人，主动沏茶倒水、洗水果，把自己完全放在了服务的位置上。给足了科长面子，科长也因此对她更是疼爱有加，每次都赞美他老婆懂事。

在一次朋友聚会上，有个朋友提议给自己的太太当众打电话，看看自己在家中的地位。许多男人在当着众人给太太打电话时，声调都要提高八度："好了好了，今天我晚点回家，别啰嗦了，正忙着呢，挂了。"

周围人都竖着耳朵等着看好戏。若是聪明的女人一定会知道这是男人在给自己争面子，不会中圈套，反而会更加温顺和大度地回应男人："老公，我知道了，如果太晚了回不来打电话告诉我一声。"此刻男人放下电话，就会觉得自己特别有面子，还会在心底里铭记女人的体贴和懂事。老公在众人面前面子十足。等回到家，老公会为你天衣无缝的配合而开心不已。

很多女人不懂得在众人面前维护男人的尊严和面子，在家里怎么使唤老公，在众人面照样使唤。在外人面前时对自己的老公说："去把拖鞋给我拿来。"如果不拿就得罪了老婆，因为在家里就是这种习惯，如果去拿吧，就会在客人面前丢了面子。这样的尴尬局面在很多家庭中都出现过。

有些女人经常用"损"丈夫的方式来炫耀自己管教丈夫的能力，在外人面前贬低丈夫，说："他挣得还没有我多呢，这个家都是在靠我撑着。""他最喜欢漂亮小姑娘了，一见到长得好看的，就走不动道，你们要帮我多看着他点儿。"但女人一定要记住，在

155

孩子的面前千万不要随意诋毁老公的形象，这会使爸爸在孩子的心中形成低矮的形象。比如，"还说孩子呢，小时候你还不如现在的他呢。"随便的一句玩笑话，就已经丢光了一个父亲在孩子面前的威严和形象。

聪明的女人学会在外人面前乖巧如羊，私底下肆无忌惮地使唤老公。要与老公平等相处、互敬互爱。老公会感恩你给他留足了面子，他会更加地爱你、疼你。

在众人面前给足男人面子，也会让你很有面子。男人在外的成功都源于妻子在家里的打理。在家你是天，在外是男人撑起你的天。不要为了逗一时嘴瘾，让男人在众人面前失去了面子。这样只会让更多的男人被你"说"走。满足男人的面子才会让自己的感情生活更加锦上添花。真正聪明的女人，是不会触碰男人的尊严的。

3

主动提出请求,这会让他很有面子

《大话西游》里的唐僧对悟空说:"你想要吗?你想要你就说啊!你不说我怎么知道你想要……"这句话听上去虽然搞笑,但却不无道理。在男女的相处之道里也有句话是这样说的:"女人等待男人主动帮助,男人等待女人主动提出请求。"在男人的世界里,女人千万不要自作多情地认为只要自己一有需要,男人就会马上收到讯号,他不是你的孙悟空,看不出你心中的变幻莫测。

其实,男人是需要女人主动张口提出请求的,因为这样才会让他们觉得你是需要他的,会让他觉得有面子。因此,要想做个被男人宠爱有加的女人,"主动出击"是非常有必要的。

一直以来,露汀都是大家公认的"家庭一把手",家里从买房装修到买菜做饭全是她一手包揽。丈夫被她伺候成了"老爷",凡事要么不闻不问,要么在一旁指点江山。别看她一副做事麻利的样子,却常常在朋友面前吐苦水,每次大家都是异口同声地笑她

"能干过了头"。

一段时间后,她的生活好像得到了改善。丈夫居然开始主动做家务了,她也天天满面春风。朋友们便纷纷打听她用了什么"妖术"。她才神神秘秘说出了她的小秘密。她的头脑"开窍",是从家中买电脑桌的那天开始的。

"家里买了一张电脑桌,送货的工人却不负责安装,结果扔下一堆零散的材料就走了。当时,他在沙发上看球赛,我坐在地毯上想把它装好。可装了半天也没装好,我把零件摆了一地,冲着在沙发上看球的老公嚷:'怎么安不上去呀?'老公踱了过来,看看图纸,又看看地上的零件,开始拼装,半小时后,桌子装好了。于是,我无比羡慕地称赞他——绝对是发自内心的:'哟,真不愧是学理科的,这空间想象力和动手能力比我们这些学文科的强多了。看来,我们纸上谈兵还行,要动真格的,还是要你出马呀。'老公很得意地欣赏着自己的'杰作',听着我的溢美之词,大受鼓舞,接下来把家里的电扇也拆下来清洗了一遍。我看在眼里,喜在心头。"

"从此以后,我就发现了一个秘密。"她神秘兮兮地说:"我发现,只要我一表现'无能、弱智',他的聪明才智和积极性就表现出来了。后来,他便逐渐把烦琐的家务活都揽在自己身上,估计他会自信心爆棚呢:'这都是老婆做不来的,我不做谁做?'嘻嘻。"

不知不觉中,露汀和丈夫的角色就这样调换了过来。

如果女人没有请求,没有肯定,那么男人就会顺理成章地做出

推论：他的给予或付出已经足够，完全可以满足女人的需要。并且还会因为这种给予没有得到肯定，而让他不再有动力做任何事情。

而当你告诉男人你想要什么，而不是什么时候需要、为什么需要甚至他该如何去做，那么你就是在给他创造一次机会，让他体会被崇拜和被欣赏的感觉。我们总想让丈夫猜测自己的心思，而不愿一语道破。这就好像你去餐馆点菜，你不告诉服务生你想吃什么，却说："我想你知道我的口味。"或者说："难道你看不出来我很饿吗？"

同样，你若告诉丈夫应该如何去实现你的需要，那就像餐馆的服务生在等待你点菜，可你并不说你要吃红烧鸡，而是告诉他鸡肉应该如何洗净，怎样调味，那么服务生一定很生气，因为你在小看他家厨师的能力。

当然，你更没有必要说出你喜欢吃红烧鸡的原因——它不像猪肉那么多脂肪。因此，你也不必对丈夫说："我之所以想要买一件新衣服是因为那些旧衣服都已经过时了，我已经有好几个月没给自己买新衣服了。"因为这更像在抱怨他没让你穿上好衣服。笑着接受丈夫的好意，无论是一条项链，还是他主动为你揉揉肩膀。笑着接受就是当丈夫主动提出哄宝宝入睡、带你去看展览或者在聚会上为你搬一把椅子时，你都会还他一个甜美的微笑，然后说声"谢谢"。这将是令他赏心悦目的行为。

有句歌词唱得好：女孩的心思男孩你别猜，你猜来猜去也猜不明白……既然知道男人终究是猜不明白我们心思的，那就不妨将你的请求一五一十地告诉他，这难道不是两全其美的做法吗？

■ 4

"你能帮我……","笨"女人让男人有成就感

"你能帮我……",一句示弱的话,带着诚恳的语气和崇拜的眼神,在这种状况下,男人很难找到拒绝你的理由。

女人与其费大力气完成一件事情,不如用拜托的口气说一句:"你能帮我……"反而轻巧有用。虽然女人不该将全部的依赖都托付给男人,但是像个女战士一样全副武装,包办好一切,不给男人一点可以发挥的余地,这也不是一个明智女人的决定。

有些女人在所有事情上都在追求男女平等,然而,男女之间本来就存在太多的不同,要想保持处处平等,本来就很难实现。可许多女人偏要强求这种平等,以"女强人"的姿态,逼着自己完成本来就对女人来说很困难的任务。

孙亚茹从小立志想要成为一名女强人。她一直在追寻自己变强大的道路上,任何事情都是亲力亲为,即便是男人所干的工科类的工作她也是一并承担,如修理水管、下水道、换灯泡、修理电器

之类的事情,她也强迫自己去学习。她一直坚信只有做到这样,慢慢地自己才可以成长为一个独立的女强人。

有一次她和一个女朋友相约一起去水族馆看海底世界,在乘坐公交车时下起了雨,公交车的天窗开着,一直在不停地漏雨,孙亚茹伸手努力地想要关上天窗,可是却因为力气不够、使不上劲最终没有将天窗关上,同去的女朋友见状,朝她身边的一个20岁左右的男生望去,并且可爱地对男生说:"帅哥,可以帮我们拉一下天窗么?"

男生立马走上前,轻而易举地就把天窗拉了下来,雨水也没有再漏进来。女朋友朝亚茹一笑,轻声地说:"这叫合理利用资源。"

生活中,女人应该尝试着说:"你能帮我……"这会让生活变得很轻松。比如,电脑坏了,可以打电话给懂电脑的男性朋友,寻求他的帮助,或许他可以修好后再送来给你。

没有人帮助的时候,自立一点儿是好的,但是不要发生类似下面这样事情。一个女人和一个男人一起走着,还要自己拿着沉重的行李,这样反而会给男生的心理造成压力,满街的人都会质疑男生让女生自己拎行李的行为,这样的举措只会让大家都陷入尴尬的境地。所以,要学会并且善用"你能帮我……"这类的话语,不要让自己太累了。

在情场上,不肯向男人低头、拒绝男人的照顾等,这样做的后果,除了把自己搞得伤痕累累之外,也只能落个独自垂泪的后果。

朱玉是一个很能干的女人，一门心思地想要赚更多的钱。她利用业余时间尝试过卖盒饭，定做各种窗帘、桌布，最后找到了办补习班这个"好钱途"，于是就坚持做了下来。

　　就这样十余个年头过去了，朱玉确实也干得不错。用一己之力把孩子养大并考入了名牌大学，在物质上孩子没有一丝匮乏。当然朱玉也没少吃苦受累，上班、补课，几乎没有闲着的时候，身体自然也不是太好。

　　朱玉的老公在家里则成了可有可无的人，他们开始两地分居，朱玉一个人忙生意，还要照顾孩子，料理一切家务杂事。后来，两个人好不容易团聚了，朱玉似乎习惯了独立，家务活不用老公插手，孩子也要她亲自照顾才放心。再加上老公赚的钱不多，所以家里的房贷、孩子的学费，以及购买电器等大件，都由她包了。她想着反正不用老公掏钱，做决定的时候，比如送孩子去比较好的私立学校、家里装修房子，有时候跟老公打个招呼，有时候干脆先斩后奏。

　　朱玉觉得自己为这个家付出了太多，所以当有一天老公提出离婚的时候，她惊讶极了。她不知道自己哪里做得不够好，她辛辛苦苦为了这个家，为何换来这样一个结局？

　　女人太能干，凡事都大包大揽，会令男人产生自己在这个家中不重要、可有可无的失落感，那样不仅会惯坏男人，也会惯跑男人。

　　必要的时候你也可以扮扮弱、撒撒娇；累了倦了的时候你也可以偷偷懒，消消闲。搬不动的、修不了的、做不来的大可喊一声

"老公"，我想大多数男人还是有这份责任心和义务感，愿意承担起自己身为一家之主的责任，彰显自己在这个家中的重要性的。长此以往，或许就能增强男人的荣誉感和对这个家的向心力。两个人一起为家事而努力，干活时互相搭一把手，累了互相捶捶肩、擦擦汗，在相视而笑、互相体贴的过程中感情也会递增，更会培养出一份默契。

宋丹丹离婚后，在《幸福深处》一书中，反思自己当初的婚姻生活："我忽略了一个生活中重要的原则：给予比接受更为幸福。我总是忙着给予，忙着让自己幸福。我不会也不太懂得接受，我忽略让他人给予，也就是忽略了他人得到幸福的权利。"

周国平说过："一个太好的女人，我是配不上的。她也不需要我，因为她有天堂等着她。"所以，学会向男人求助，一方面给他们展示自己能干的机会，另一方面自己也从繁重的忙碌中解脱出来。何乐不为？

要强的女人，遇到难题总是想要依靠自己的力量，独自战胜它，即便是超出自己能力范围之内的难题。可是男人天性就是为女人解决难题的，遇到问题表现得柔弱一点儿，激发男人想要保护你的欲望，用崇拜和钦佩的眼神让男人为你解决一切，这会极大地满足男人的面子。

女人不要把自己变成精明能干的女强人，而是一个懂得向男人求助的小女人。

■ 5

男人最爱听"我永远支持你"

一个朋友说,他一生最感谢的人是他老婆。因为当他开始创业的时候,他老婆说:"我支持你!"当他的事业发展不顺利的时候,他老婆又对他说:"我理解你!"这个男人是多么幸福,因为有这么一个好老婆。

爱情能让人爆发出惊人的潜力和能量,只要你给男人足够的爱和鼓励,就能让他拥有强大的奋进动力。你对他的信心,你对他的激励,你一句"我永远支持你!"足以让他重振旗鼓,勇往直前。

李成静的老公正面临公司升职的机会,他却想要辞职做自由摄影工作,便对她说出了自己的想法以及收入可能降低的事实。她想都没想,便说:"你疯啦?"李成静心想自己老公刚刚要在事业上开拓一片新天地,突然转换到一个新的方向,无疑是自掘坟墓。这将意味着家里的开支将由她自己来扛。

但是,老公不顾李成静的反对,还是辞职了。可是他却发现

摄影的工作没有想象中那么简单。老公的事业不顺，整天愁眉不展，吃不好睡不香，李成静则是一派轻蔑的语调："瞅你那熊样，早就知道你不是这块料。"就这么简单的一句话，把老公气得够呛，整整一个星期没有和她说话。

理想的老婆，是在男人碰到逆境时，能够平心静气地激励男人、安慰男人的女人，这种女人是值得让人尊敬和爱慕的。一句支持的话可以让男人克服一切困难，迈过无数的荆棘。相反，当男人陷入困境时，那些只会落井下石、雪上加霜、冷嘲热讽的女人，将会让他很难再站起来。

女人为什么总是喜欢对男人滔滔不绝地说话？因为女人以为这样能控制男人的行为，就像能够控制局面的发展一样。事实上，这对男人的事业只能起到反作用，男人需要的是支持和鼓励，而不是唠叨。

男人实际上就是一个大孩子，当遇到挫折和失败的时候，内心最需要的就是亲近的人给予的鼓励和安慰，特别是来自妻子的支持。妻子的一句"我永远支持你！"就是男人奋进的最大助力。如果你能对失意消沉的丈夫多说一些"亲爱的，不要沮丧，我们还有的是希望！""一次两次的失败不代表什么，你可以从头再来！"，相信他会很快从低谷中走出来。

澜澜的丈夫几年前只是个在报社发行部任职的员工，当他发现经销书籍很有发展前景时，就和朋友合伙开了一家书店。澜澜对于丈夫的这个决定给予了积极的支持，说："放手去做吧，你有能力做好!"丈夫听后信心倍增。

由于打开市场并不是件容易的事,丈夫每天都会忙到很晚才回来,而生意却不如人意。澜澜看见这么辛苦的丈夫,就鼓励他说:"亲爱的,过了这段时间就会好起来的,不管结果怎样,我都永远支持你!"于是丈夫就更卖力了。后来,市场渐渐被打开,生意逐渐红火起来。

在一次同学聚会上,大家都极力称赞澜澜的老公,澜澜当着丈夫的面自豪地说:"我一直都知道老公的能力,只要给他机会,他就一定会有所作为。现在他在图书行业里如鱼得水,我特别佩服他掌握行情那么全,捕捉信息那么准,对读者的需求把握得那么好,进的书总是畅销……"在一旁的老公听得满脸藏不住的得意之情,毫无疑问,澜澜的夸奖给足了老公面子。后来,老公也把书店的生意越做越兴旺了。

即便丈夫一次次地失败,优秀的妻子仍然会坚定地告诉丈夫:"我会一直支持你。"仅这一句话,就能消除丈夫所有的沮丧,让丈夫重拾信心。事实上,妻子并无法代替丈夫去做什么,但是她们却有足够强大的力量去让丈夫勇敢地去面对问题,充满必胜的决心。

获奥斯卡最佳导演奖后,李安亲自上台领奖并发表了获奖感言,除了感谢《少年派》的创作团队,他还特意向妻子林惠嘉表达谢意:"谢谢我的妻子,我们结婚30年了。"当年,李安纽约大学硕士毕业后,曾在家中当了6年的"家庭煮夫",做饭、接送小孩。

许多亲戚朋友看不过去,对林惠嘉说:"为什么李安不去打

工？大部分中国留学生不都为了现实而放弃了自己的兴趣吗？"李安过意不去，有一次偷偷学电脑准备找工作。可没多久就被林惠嘉发现了，大骂道："学电脑的人那么多，又不差你李安一个！"在妻子的坚决反对下，李安打消了找工作的念头。正是因为有妻子的支持，李安才能取得现在的成就。

很多女人在自己的老公遭遇失败、失误等现实的打击时，不去安慰他，反而对他不闻不问甚至冷嘲热讽。殊不知，这样不但会让男人更加伤心失望，越发颓废低落，而且会让曾经贴近的两颗心越走越远。给予你的丈夫信任和支持，肯定和欣赏。当你的丈夫事业上遭受了挫败，请不要收回你的信任和鼓励。一个欣赏的眼神，一句肯定的话语，会让他重新焕发出昂扬的斗志，他最后一定会拿整个世界来回报你。

在丈夫解决困难后，或者处境转好后，他会记得曾经支持自己的人，也会在内心感激拥有这样的好女人。

■ 6

在他的朋友面前骄傲地谈起他

爱自己的老公，就要给他面子。尤其是在他的朋友面前，切不可让他抬不起头。男人的缺点，女人要会处理，而且要会用最合适的方式去处理，尤其要注意在合适的场合说合适的话。

会示弱的女人永远不会和自己的丈夫抢风头，相反她会巧妙地隐藏自己，凸显丈夫的优秀，因为这样做能让男人很有面子。有哪个男人会讨厌懂得给自己面子的女人呢？

海云和丈夫李琛因为搬家的原因忙得不可开交。谁知，李琛的大学同学突然要来家拜访，碍于面子，李琛自作主张地答应了。几天后，朋友来了，夫妻俩请他们去吃火锅。其中一个人说："嫂子，说说当初他是怎么把你拉上贼船的吧？我们几个都想听呢！"

"真诚、幽默。虽然他很会说话，但为人非常真诚，我最欣赏他这一点。他很幽默，常常冒出一句话来逗乐大家。他还很会哄人，有次他把我惹生气了，给了我一团纸条，打开一层，上面写

'挑战！'再打开一层'受死吧！'到最后就成了'媳妇我错了，原谅我这个无知的孩子吧！'总之和他在一起我很开心。"

几个朋友听后很是羡慕，其中一个举起酒杯，说道："真的很羡慕你们，希望你们能一直这么幸福。"那晚回到家，李琛搂着海云的腰问道："我真的有那么好吗？""对啊，今天说的都是实话，也许你不是世界上最好的男人，但却是最适合我的。所以我们能幸福又快乐地生活。"李琛听见这话后，把海云搂得更紧了，贴在她耳边温柔地说了声："谢谢！"

李琛在朋友面前有了面子，心里就更觉得海云是个善解人意的女人，对她的疼爱也增加了几分。海云下班晚，李琛便会去接，节假日时海云吃着老公做的节日大餐，别提小日子过得多舒服了。

女人不要无时无刻都把数落的言辞挂在嘴边，如果偶尔在家里数落一下老公，还情有可原，可是如果在朋友面前也不给老公面子，反而还不断翻旧账，那老公就真的会受不了。任何事情都要有度，一旦失衡，就会出现问题。

在朋友、同事面前数落老公的行为是最傻的事情，那样会彻底击垮他的自尊，而且他也会在心中嫉恨你。仔细想想，数落老公可是失算之策，既损害了自己的形象，也诋毁了老公在朋友、同事面前的尊严，别人甚至会把你的老公当作笑柄来取笑，这样的结果你乐意吗？

上周日，舟舟陪同老公梵凯去参加大学的同学聚会。年轻漂亮的舟舟一到场就赢得老公同学们的称赞，当时梵凯心里别提多美了。

可是,在饭桌上,身身与一名女士聊着聊着就说起彼此的老公怎么怎么样。两个女孩的老公同在投资公司工作,但收入却有相当的差距。身身说:"你真幸福,嫁了一个有本事的老公,你看看他,比起你老公来差远了。"身身转向梵凯继续说道:"都是同一年工作的,差距怎么就这么大呢?"虽然有些开玩笑的口气,但丈夫还是一脸止不住的尴尬。女同学看到梵凯的面子有些挂不住了,赶紧圆场说:"梵凯身上的优点还是很多的,大学时候可是德智体全面发展的人才呢!"谁料身身立即来了句:"可惜啊,现在的他没什么优点,就是个很没出息的男人。"梵凯当时尴尬得只能找借口出去了。

大多数男性都会喜欢比较娇柔的女性。尤其是在他的哥们儿面前,女人一定不要太过好强,而让他觉得没面子。如果老公表现得不符合你的期望,那你最不应该做的就是和他的朋友抱怨你的不满。这样不仅会使他颜面尽失,还会让他丧失信心。当着客人的面说话时,不要"臭"自己老公,揭他的短,那样只会让他很狼狈。

人无完人,也许你的老公还有很多小缺点,但那些并不能影响他在你心目中的地位。也许你不是个擅于表达的人,但你可以采取这种间接的方式——在他朋友面前夸他。这会让他觉得很骄傲,也会让他感到你真切的爱意。

或许,有的女人觉得,老公有优点还是不要在外人面前太过张扬为好,自己知道就行了。有的女人甚至会在别人面前说老公有这样那样的缺点,其意图并非是想贬低自己的老公,而只是一种客

气话。

也许是中国的传统文化造成了成千上万的女人"谦逊"的品质，所以即便老公很好，也不愿在外人面前夸他，但这是一种非常错误的观点。你不但要在他朋友面前骄傲地说他的优点，最好还能当着他的面说，老公听到后心里会很美，而他的朋友也会羡慕你们婚姻的幸福甜美，所以千万不要在他朋友面前吝啬你的骄傲之情。

当然，在他人面前称赞老公也要讲究技巧。首先，要学会点到为止，否则，赞美过度便成为吹捧，使听者感到肉麻、厌恶等，也会把老公置于尴尬的境地。其次，当你在他人面前赞美老公的时候，一定要瞅准时机，要分清场合。最后，要赞美老公应该拥有的、具备的、真实的优点，不要无中生有，或言不由衷地赞美，要真诚。

世上大多数男人，基本上是为了"面子"活着。在他们的心目中，面子常常大于天，甚至比自己的命还重要。作为女人要学会掌握他的这种心理，在该给他面子的时候，一定给足，这样你们的感情才能更加持久，你们的婚姻才能更加稳固。

7

不管做什么都和他商量

都说,"夫妻的事,商量着说"。夫妻之间,最怕的就是遇到事情相互责备,而相互商量会产生"共情"的效果,能增强夫妻感情。

于丹曾将讲过一则关于"沟通"的寓言故事,她说:从前有一位渔夫是打鱼的能手,凭借打鱼赚了很多钱,他讨了一个美丽的姑娘做老婆,同样也很能干,老婆经常炒菜给他吃,最常做的就是红烧鱼,老婆认为红烧鱼身最好吃,每次都给老公做红烧鱼身。

日复一日,年复一年,渔夫也变成了渔翁,老婆也变成了老太太。有一天渔翁病倒了,躺在床上看着忙碌的妻子端着一盆红烧鱼身,他叹了一口气,妻子第一次看到渔翁叹气,非常惊讶,跑过去问渔翁为什么叹气,渔翁说:"亲爱的,这么多年,我不得不告诉你一件事情。"妻子说:"快说快说,究竟是什么事情?"妻子心里焦虑丈夫是不是有什么事情隐瞒了自己,渔翁说:"亲爱的,自从娶了你以后,我再也没有吃到这辈子我最喜欢吃的红烧鱼头。"

妻子一直都以为红烧鱼身是最好吃的,每次都是自己吃最不喜欢吃的鱼头和鱼尾,而把自己认为最好的给了老公,可是老公却喜欢吃鱼头和鱼尾。

这对夫妇每天住在同一个屋檐下,却都不了解彼此的心意,夫妻之间的沟通和商量是维系夫妻感情的一架桥梁,只有彼此沟通和商量,才能够更好地了解彼此的想法,在看待问题和处理问题上才能够避免不必要的矛盾和分歧,更容易拉近夫妻之间心与心的距离。

夫妻间无论大小事,都要彼此进行商量。征求对方的意见表示对对方的信任和尊重,当发生事情时夫妻可以共同面对,排除万难,更有利于夫妻间增进感情。知名女星周慧敏,凡事都会与老公商量,哪怕是买化妆品或者是朋友生日时挑选礼物都会跟老公商量。将生命中、生活中发生的每件小事都与老公商量,会让老公感觉到自己就是你生命及生活中全部的重心,你凡事都信任他、依赖他,相信他做出的每个决定。这样会在精神和心理上给男人极大的满足感和成就感,他自然而然地会扛起照顾你的责任。这就是爱的方式,共同付出且相互尊重。

张安认可妻子的能力,家里的一切都不需要他操心。但是张安并不愉悦反而很排斥。家里的一切都是妻子拿主意,小到屋内各种家务打扫,大到儿子的教育,他都插不上话,也从来没有与妻子争辩过。最后,他被逼无奈地选择一回到家就把自己关在书房里,这是他在家中自己唯一能说了算的地盘。

原本工作是张安可以展示能力的平台,但最近公司被妻子的公司给合并了,合并后依然全部是妻子说了算。两人开始因为公司的业务而不断地发生争执,但是每次的结果都是妻子强行接管一切。她和客户维持着关系,在社会上叱咤风云,维系着社会关系。她指挥着下属,掌管整个公司的运营。公司也在妻子的带领下很快焕发了新的生命力。

张安佩服妻子的能干,但心底也觉得很难受,自己就像在家里一样没有地位。张安说:"什么都不需要我,妻子一眨眼把什么都处理好了……这让我觉得自己一点价值都没有。"

张安多次同妻子沟通,妻子虽然会注意但过不了多久就又回到把一切都搞定的局面,无奈的张安只能够通过歇斯底里的吼叫来发泄情绪。

"看上去,妻子不过是合并了我的公司。但在我的内心里,我觉得是我的世界被吞并了。"张安说:"我一退再退,一退再退……但现在已经没有地方可以再退了。"

女人佯装自己的聪明、独立,更多地表现出"笨傻呆"的行为举止,凡事多与他商量,是建立夫妻沟通的桥梁和维系夫妻关系的必要手段。女人选择凡事与男人商量,不是代表没有主见,而是换一种思维方式去想问题,往往听从男人从男性角度的分析可以让你在解决问题或者工作中更好地发挥自身的优势。通过多次的交谈可以不断地了解彼此的想法,不会因为累积的矛盾尚未解决而迸发出更多的矛盾,从而造成无法挽回的伤痛。

很多夫妻把吵架当作一种沟通方式,偶尔的吵架可以调情而次

数频繁的吵架会削弱夫妻间的感情,征询男人的意见、同男人进行沟通和商量,远比进行毫无意义的吵架更有价值。女人要懂得在男人面前扮无知,要懂得讨男人的欢心,才能够更好地维系夫妻间的感情生活。适当的示弱,是一个女人智慧的选择。

第 8 章 有一种智慧叫以退为进

■ 1

适度的忍让，不是懦弱

在生活中，朋友之间应和睦相处，遇到小事适当地忍让更能表现出你的宽容大度，但并不是说你就要无视于别人的伤害。女人要懂得保护自己，不能一味忍让，必要时要奋起反击。

于慧性格温柔，比较内向，而常雪则是个十分开朗而且很有交际能力的女孩，刚进公司不久，两个人就成了好朋友。

但是没过几天，于慧发现常雪总爱拿自己开玩笑。哪怕只是买了一件衣服，常雪都会说："天哪，这是你买的衣服啊？怎么买这种款式的啊？太旧了，还不如多花一点钱买当季的呢！"这让于慧的自尊心受到了严重的伤害。每当跟常雪在一起时，于慧的心情就会莫名其妙地低落。但常雪的话听上去都像是在开玩笑，所以于慧也不好意思跟她发脾气。

就这样过了几个月后，于慧的生活出现了可怕的变化。只要一照镜子，就会觉得自己的脸特别丑陋，甚至连自己都厌恶自己的

容貌,因此经常感到孤独,且经常莫名地悲伤起来。无论她做什么事情都没有信心,就这样,于慧一直没有找到男朋友,工作也变得一团糟。

一天,当常雪再一次贬低于慧的时候,于慧终于忍无可忍地做出了反驳,两人为此大吵了一架。此后,她们连续好几周都没有说话。但奇怪的是,在离开常雪的这段时间里,于慧居然觉得轻松了不少,长久以来的心理压力刹那间都消失无踪了。

这时,于慧才明白原来常雪经常对自己所讲的那些玩笑话,在一点一点地腐蚀自己的自信。

女性在工作和生活中,常常会遇到一些给你穿"小鞋"的人,她或许要靠踩着你的肩膀往上爬,或许要靠欺骗你达到她的目的,或许仅仅是因为嫉妒而排挤你。

面对他们,如果你越像一块棉花糖,他们就越会毫不留情地将你玩弄于手掌之中。你只有像一只刺猬,毫无畏惧地对着那只向你伸出来的"黑手"狠狠刺一下,让他们也尝尝疼痛的滋味,这样他们在下次出手之前,就会回想起这次疼痛的感觉而不敢再轻易伤害你。玫瑰因其有刺而更显魅力,刺才是它最强且有力的保护伞。

善于低头的女人才是聪明的女人,越是强悍的女人,示弱的威力就越大。聪明的女人也许很"强",她们懂得在适当的时候隐藏自己的光芒,向众人"示弱"。示弱是一种智慧的显现。示弱不是妥协,而是一种理智的忍让。示弱不是倒下,而是为了更好、更坚定地站立。

赵佳佳刚进房地产公司时，为了得到公司的认可，几乎成了工作狂，并想出很多新颖实惠的点子。她的第一次策划便得到经理"有创意、很新颖"的表扬，经理的嘉奖让赵佳佳更加自信大胆地工作。

一次，赵佳佳完成了一个策划交给经理。谁知第二天经理找到她说："小赵，我本来很看重你的才华和敬业精神，没有新点子也没什么，但你不该抄袭其他同事的创意。"经理看她一脸惊讶，递给她一份策划书。天哪，竟然和自己那份惊人地相似，而策划人竟是古晓。面对经理的不满和好朋友的"心血"，赵佳佳哑口无言，因为她没有任何证据证明自己的清白。

这之后。赵佳佳对自己的工作内容时时加以记录，包括自己当初提出的想法与做法，是怎样演变到今天这个令人欣喜的局面，都作为书面证据而保存起来。

常言道，"忍一时风平浪静，退一步海阔天空。"善忍则息事宁人，家和则万事兴。这就是为什么在家庭生活中善于忍让的意义所在。但是，忍让并不代表懦弱，一味忍让，很可能让别人得寸进尺，给自己带来更多的麻烦。

有时候直接向老板哭诉，可能并不能改变既定的局面，反而还会落得搬弄是非的嫌疑；百般忍让只会更加助长小人的气焰；以牙还牙地互相报复换来的将是无休止的办公室风云。手足无措之际，建议不妨先忍耐一时，等待事过之后再陈述立场，或者将此经历默藏心中，日后多留一手，也好及早提防。

生活里，很多时候你也会遇到一些人，他们表面上看起来没

有什么异常,而且善于社交,能给人留下深刻的印象,因此经常在朋友们的聚会中充当召集者。但他们有喜欢贬低别人的毛病,时常有意无意地去伤害一些能忍让的人,并从中获得明显的优越感和快感。而你则会在这样一次次的贬低中,自信被不知不觉地啃食吞噬,渐渐地不再相信自己的美好。

如果别人的话或行为伤害了自己的感情,而且不止一次重复出现,这就说明了对方对你没有好感,更谈不上什么真诚对待。那么就不要思前顾后地为了给对方留面子而一再忍让了,你的仁慈只会害了自己。

家庭生活琐碎繁杂且平淡,矛盾是不可避免的,面对矛盾要学会忍让,以宽容的心态来解决问题,才能营造和谐长久的家庭幸福。

■ 2

初来乍到学会蛰伏

初入职场,要像进入任何一个陌生环境中一样,首先要冷静观察,了解这家公司的企业文化,然后再做出相应的反应。要知道,如果没有足够高的情商,不能与周围的环境配合,单纯拥有很强的能力是远远不够的。尤其在一些人际关系比较复杂的地方,如果太过锋芒毕露,可能会使同事感到不被尊重,从而对你产生反感。

当时年仅17岁的甄嬛以秀女之身入宫,这时的她是一个"只有防人之心,绝无害人之意"不沾染半点俗气的女子。甄嬛因"五分样貌,五分性情"与已逝的皇上至爱纯元皇后相似而备受皇上青睐。但甄嬛并未因此而飘飘然,反而收起自己的所有锋芒低调做人,将自己的满腹才华和顶尖舞艺全部隐藏,一副女子"无才便是德"识字不多的愚钝女的模样。结果,皇上宠爱的新贵一个接一个地被华妃陷害,而甄嬛却在碎玉轩中韬光养晦。甄嬛无论是对最低等的宫女还是宫中的元老级宦官都一视同仁,从不怠慢,以此善结

贵人，拓展人脉。

甄嬛在后宫的成功奋斗史，也是初入职场的新人应该学习的。许多职场新人好高骛远，自命不凡，认为自己手里的文凭和各种证书就是了不起的资本。对于刚入职场被安排的简单工作不屑一顾，认为自己被大材小用了，而报以敷衍了事的态度，结果吃亏的还是自己。

初入职场的职场新人，总是希望得到一个展现自我的机会，从而突出自己的能力，得到上司的认可，加深同事对自己的印象，这是一个好的想法。但是，有一些人却总是控制不住自己的锋芒，无论是语气还是做事的方法都得罪了同事或者是伤了上司的自尊心，不仅降低了自己的品格，反而为自己树敌。

法国哲学家罗西法古说过："如果你要得到仇人，就要表现得比你的朋友优越；如果你要得到朋友，就要让你的朋友表现得比你优越。"在职场中，更是应该要学会蛰伏。

身为职场新人，要学会处理好职场上的人际关系，少说话，多做事，不搞小团体主义，更不要与别人随便议论公司的人和事。遇到别人说三道四，背后议论公司的一些情况，先不用理会，就当没听到，摆正自己的心态。

即便是你在工作中取得了一些成绩，也要收敛性情，言语平淡地把这个消息告诉大家，并感谢同事们多年来的教导和帮助，同时也希望同事们继续协助你，把日后的工作做好，随后比较随意地请大家吃顿便饭以示庆贺。这种用低调处理的方法，就不易引起大家的反感。

比如，你刚刚调到新的单位担任主管，即使有看不顺眼之处，也不要对下属说，"这件事要这么做才对""我以前的地方不是这样的"这样只会引起员工的反感。不如换个态度，谦虚地对部属说："我初来乍到，一切都很生疏，盼诸位能多多指教。"

遇到你不熟悉的事物时，更要虚心征求下属的意见，即使被当作傻瓜也无妨。毕竟，这要比不懂装懂要好得多。一个优秀的领导者，往往不是一开始就具备非凡的能力，而是不断地向他人学习，吸取别人的长处，从学习的过程中一步一步地完善和发展自己的领导才能。

无论是在工作中还是处世的其他方面，都有可能遇到自己无法把握的事情，学会向身边的每个人请教，你才能认识到自己的不足，并使自身取得迅速的进步。更重要的是，你虚心的态度会给别人留下好的印象。

3

应对抢功,不妨全身而退

办公室犹如一个小社会,形形色色什么人都会有。即使是在团队合作精神盛行的今天,依然难免有个别藏私小人为求功劳而抢夺别人的辛苦果实。那些被抢功者,尤其在女性职业人中最为明显,她们的共同特征是不善言辞、不自信、悲观消极、内心敏感。如果遭到小人的抢功,不妨以退为进,"打"得他原形毕露。

汉朵娜任职于某电器公司的技术开发部。近段时间她想到了一个新型的产品构思,当时兴奋不已,觉得这一构思很有开发潜力。于是,第二天,她便把自己的策划书放在了上司的办公桌上,满心欢喜地等着上司的夸奖。

没想到,上司那天出差去了国外,更糟糕的是,自己的策划书被同部门的另一位同事看了,他偷偷地装在了自己的公文包里……

可想而知,最后被奖励的是汉朵娜的同事。几天后,开部门会议时，上司表扬了她的那位同事，这时，汉朵娜并没有拍案而起，而是不动声色地向上司提交了一份更好的策划案。

原来，汉朵娜在第一份策划书中并没有把自己的全部想法都写出来，而是想留一部分当面和上司谈。后来，当她得知同事剽窃自己的策划书时，虽然很生气，但她一个新人又能怎样呢？既不能当面指责那位同事，又咽不下这口气，她就花了两个晚上的时间重新完善了那份策划，加入了很多新的点子。

汉朵娜的上司看了两个人的策划案，心里也有数了，从此对她更加器重。

职场是战场，争功是职场的正常现象。就算是被别人争了功，也应该用一个平静的心态去对待。百般忍让只会让小人得志，最好的办法就是以退为进，先把自己的本职工作做好，然后再寻找适当的时机向领导说明真相。

入行六七年，鄢陵在同事心中一直是个不折不扣的老好人，但这也给自己惹了不少麻烦，经常成为"被抢功"的对象。遇到此事，鄢陵通常都会默默忍受。直到有一天，鄢陵觉得忍不是长久之计。有一次，一位同事因为与鄢陵抢功，而被她巧妙地"组团"修理了。

事情是这样的：鄢陵和她合作过一次，因为这位同事对业务很不熟悉，结果鄢陵一个人加班加点地把她们两个人的活儿都干了。但是在汇报工作的时候，这位同事一个劲儿地在老板面前邀功，说自己如何辛苦才促成了这个项目。

鄢陵当时别提多生气了，鄢陵说，其实遭遇抢功已经不是一回两回了。正好那段时间，周围几个同事也中过这位同事的阴招，鄢陵干脆和大家一起向老板反映情况。老板见那么多人都有意见，觉得这位员工可能确实存在问题，没多久就把她调走了。

当你被人抢功时，千万不要火冒三丈地去理论，而是要兢兢业业地把自己的工作做好，寻找适当的时机向领导汇报，或者采用让别人去说的方式比较恰当；同时也劝告那些在办公室投机取巧、争功劳的人们，抢一次两次功劳，滥竽充数，可能会成功，但早晚都会露馅儿。

如果你发现你的同事偷了你的点子，先不要声张，这样做对你不利。他绝不会因为你的指责而到上司那里承认自己的错误，你的怒气帮不了你，只会暴露你性格上的缺点。这个时候一定要冷静，想想有没有什么证据可以证明这个点子是你的。

在如今的社会里，这样的争功行为在公司里屡见不鲜，如果你的解决方法不恰当，你不但很难要回属于自己的功劳，甚至很可能落下一个"诬陷他人"的罪名。所以，当同事与你争功时，聪明的女人应该借鉴以下这些做法。

首先，客观地澄清事情真相。你完全可以给对方写一封信，不管是书面信还是手机短信，你都要做到客观地澄清事情真相。不能带有强烈的感情色彩以致对方产生不快。写信的目的是委婉地提醒对方，这样对他会产生不好的影响。在信中，你可以提供相关的证据，最好能使他考虑后果的严重性而屈服。另外，你也可以建议大家坐在一起进行面谈。

其次，试着赞扬对方，然后申明功劳是自己的。针对同事的独特才能进行真诚的赞赏，让对方产生愉悦感，这样有利于接下来你重申功劳是自己的。你还需要早点行动，尽量赶在对方把你的"战利品"公布出来之前。

再次，私下寻找调解人员。你可以找出自己和对方之间比较信赖的同事出来调解，使争功事件在第三方的撮合下，在私下解决。因为第三方的出现可以给对方施加压力。

最后，全身而退，抽身而出。这是无奈之举，表面上看不是上策。但对有些人而言，或许是很好的办法。你可以问问自己：你的设计或想法如果真的运用到实践中，比起那点名誉，是不是更重要？如果你不肯屈服，那就可以考虑一下为这场争功所付出的代价，这不只是时间和精力的问题，甚至很可能还有金钱的付出。再说了，你如果与对方誓不罢休，把事情越闹越大，为此可能会招惹上司，也可能阻碍自己的晋升。如此多的弊端，祸起争功，还不如全身而退。当然了，你不应该忘记从中吸取教训，使自己不会重蹈覆辙。

4

假装认输，把无谓的胜利让给对方

职场上经常会碰到这样一群人，他们说话好像就是为了与他人辩论似的，不是那种为了真理而辩论，而只是为了辩论而辩论。无论别人说什么、怎么说，他总要拿出不同的或相反的观点与别人对垒，最后说得别人哑口无言，似乎这样很有趣。殊不知，这种辩论狂人往往最招人嫌。

一些女人争强好胜，认为有些事情绝不能够退让，在喋喋不休的争辩中想要取得所谓的胜利。事实上，有些胜利根本无关痛痒，既然她想赢就让她赢，这不是没骨气，而是一种智慧。

潇潇现在已经成了公司人见人烦、出了名的令人敬而远之的人。原因就是她的辩论成"狂"的个性。

潇潇刚进公司的时候，正好赶上年中的员工大会，被拉壮丁去参加表演。结果一炮成名——外形不错，口才尤其好，引得公司里的小伙子颇有几个怦然心动的。

但慢慢地，问题就来了。虽然有什么工作，她会主动出击，揽活上身。但她做出来的方案，同事们不能挑一点毛病。谁胆敢"在太岁头上动土"，她就滔滔不绝，跟你辩论到底，非"驳"得你哑口无言不可。你觉得她缠夹不清，没耐心跟她多讲，她便越发得意，认为你已经认输了。有时候还故意要与你斗气故意挑拨你。

有一次，因为一个项目问题，有一个老员工提出了一点意见，结果立刻遭到了潇潇的"争辩"，她觉得自己关于项目的方案已经做得很完美了，老员工的思想太陈旧，不能与时代共进退，老员工气得不行，但潇潇还不依不饶。最后大家都集体声讨潇潇，潇潇仍为自己的方案而争辩不休，直到没有人敢再反驳她。

最后，大家已经没有人愿意与潇潇合作了，虽然潇潇的工作能力不错，但是谁也不想跟一个天天斗嘴的人一起工作。最后领导没有办法，只能让潇潇单兵作战，遇到难缠的客户，就派潇潇去，而同事之间见面都躲着潇潇。

一面提出自己的主张，一面又对所有不同的意见进行抨击，那可是太不明智了，这近似于强迫自己孤立和就此停步不前。因为辩论而伤害别人的自尊心，结怨于人，既不利己，还有碍于他人，实在是不可取。

一些小纷争甚至没有起因，只是口头上一点语言的刺激，若连这样的事情都要去争个输赢，除了会将小事闹大外，还会给你自身带来很多麻烦，既破坏你的好心情，又多了一双对你满怀芥蒂的眼神。

一家快餐店内,生意红火。突然有人喊道:"小姐,你过来。"那位顾客愤怒地指着杯子说:"看看,你们的牛奶是坏的,把我一杯红茶都糟蹋了。"

服务小姐笑道:"真对不起!我立刻给您换一杯。"

小姐轻轻将准备好的红茶以及柠檬、牛奶放在顾客面前,又温柔地说:"刚才是我的失误,建议您如果放柠檬,就不要加牛奶,因为有时候柠檬酸会造成牛奶结块。"

顾客的脸瞬间红了,匆匆喝完茶,离去。

有人笑问服务小姐:"明明是他孤陋寡闻,还无理取闹,这种人就应该好好教训教训。"

服务员小姐笑着说:"既然说一说就能明白,小事化无,还是简单些好。"

大家都点头称道,对这快餐店增加了许多好感。

如果对方只是不慎损坏了你的一支笔,你却强硬地让对方低头认错道歉,想必你身边的朋友会一个个离你而去,毕竟心胸狭隘的人不受人喜爱。而在工作或事业中,整日钩心斗角,凡事必争输赢,让原本不错的关系也会面临破裂,这让你离自己的目标越来越远,遇到困境时也得不到别人的帮助。

卡耐基说过:"天下只有一种方法能得到辩论的最大利益,那就是避免辩论。"爱争辩的女人们一定要自己衡量一下,你宁愿要一种字面上的、表面上的胜利,还是让对方心服口服?在争辩里,也许你赢得了一场表面的胜利,但却因此失去了一个朋友,甚至树立了一个敌人,实在是得不偿失。

"忍者无敌"有些争端一开始就没有必要，一旦争执不下，谁都会为了维护自己的面子、尊严将事情闹大，原本不过是一些微不足道的小事情，却吵翻了天，还气得上气不接下气，这就得不偿失了。生活不是辩论会，咄咄逼人未必会赢得人们的赞赏，而能够主动假装认输把无所谓的胜利让给别人才是明智之举。

懂得示弱的女人，不会去做无谓的争执，更不会为了没有好处的输赢与对方争得面红耳赤，主动认输，息事宁人。如果你发现自己处于激烈的争辩之中，甚至更糟糕的情况，你最该做的事情就是离开现场一会儿，通过散步或者找一个头脑清醒的朋友谈谈心，让头脑冷静下来。

为了避免树敌，还有一点需要注意，就是与人争吵时不要非占上风不可。实际上，争吵中没有胜利者。即使口头胜利，但与此同时，你又多了一个对你心怀怨恨的敌人。

对于他人明显的谬误，你最好不要直接纠正，否则他会觉得你故意要显示你的高明，因而伤了他的自尊心。在生活中一定要记住，凡是非原则之争，要多给对方以取胜的机会，这样不仅可以避免树敌，而且也许可使对方的某种"报复"得到满足，可以"以爱消恨"。而对于原则性的错误，你也得尽量含蓄地进行示意。

5

"我不干了"的话，再也不要说了

"如果你不怎样，我就和你分手"，这是小女人在恋爱中常用的伎俩。她们总是以自我为中心，天真地把自己幻想成男人心目中的女神，以为对方永远都围着自己转，以为谁都离不开自己。也许在爱情中，这样偶尔的小威胁能起到一些作用，帮助你达到目的，但是这招在职场中，可是完全行不通的。

王琳一毕业就进入了一家颇具规模的公司，从人事部门小职员做起，如今5年过去了，原本就要升职加薪的她却突然失业了。王琳是个很有能力的人，长得也漂亮，在公司，几乎所有的活动都是由她主持，在同事眼里，她是老板跟前的红人。公司的人事部门比较杂，不只是负责招聘、培训、考勤，还负责公司可能有的所有杂活。

王琳的能力很强，从前她这个岗位的活两个人做，如今她独自揽起来，但工资却一分都没涨。王琳很郁闷，觉得自己没被认可，所以找老板说不干了，想换个岗位。王琳以为老板一定会顺势给她升职加薪，谁知道老板却说："那行，我给你换份别的工作吧。"第二天就给她换岗了，职务似乎更高，但出差补贴、加班补助等一算，每个月收入少了2000元。新岗位根本就是谁都可以做的，老板其实是在变相地降职，所以她最后只能另找工作。

人力资源专家格罗斯说："即使面对失去晋升机会这样让人遗憾的事情，也不要用辞职来威胁老板。"格罗斯说："要带着目标和老板谈。"我们可以找老板谈话，但谈话的目的绝不是威胁，谈话主要着眼于未来，把自己的要求用问题的形式提出来；尽量不要以自我为中心。老板更喜欢从公司整体角度提出的建议。

有些女人一旦在职场中取得了一点儿成就后，便开始飘飘然，认为工作只有自己在行，认为老板不会轻易放掉自己这样优秀的职员，于是有事没事就爱拿"如果你不答应我，我就辞职"威胁自己的老板。殊不知，这样做的结果只会赔了夫人又折兵，到头来吃亏的还是自己。

"我的设计通不过是吧？那我辞职好了，你另请高明吧。"当某公司的设计总监桑晓絮再次以辞职来威胁自己的老板时，忍无可忍的老板一反常态地说道："好吧，不要让我白高兴一场，否则你也太残酷了。"

桑晓絮听到老板这样的回应，她的眼神里明显掠过一丝震惊。其实她也没想要真的离开公司，因为这里的待遇福利在全行业都算得上是上等水平，加上公司对自己不薄，离开公司绝非明智之举。

　　这样绝情的回应原来是事出有因的。来公司任职已有三年的桑晓絮的确有些天赋和本领，设计上的大小事务都能处理得当，就是有些大小姐脾气，喜欢计较。开始的时候，公司老板考虑到桑晓絮出色的能力，一再对她包容。就拿那次公会上发生的事来说，由于桑晓絮的设计被毙掉，她便又开始将老板的军："你不认可算了，眼下到了人才市场的旺季，我走容易，你招人也容易……"这样的伎俩桑晓絮不知用了多少回，时间一长，老板逐渐对她总拿辞职相要挟的举动反感起来，并认为她缺乏责任心，也缺乏对老板的理解，对于这样留不住的员工，还不如趁早就让她走。

　　当你真的觉得自己的薪资待遇不合理时，懂得示弱的女人会晓之以理、动之以情地和上司去沟通，让老板明白自己对公司的忠诚及想长期为公司服务的想法，而不是一生气就说"另请高明吧，反正我不干了"。

　　无论你是在公司受了委屈还是吃了亏，都不要居功自傲地和老板讨价还价。你的任何要求都应该给老板留一点他自主决定的余地，不要把老板逼到别无选择的墙角。如果你一开始就把辞职作为谈判的筹码，老板很可能认为让你立刻走人比挽留你会更好。

　　你用辞职威胁老板来证明你的重要性，似乎没有你企业就会垮掉，这是对老板的极大挑衅。如果老板答应了你的要求，就等于宣告他是一个无能的人，离开了一名员工他就无法生存。老板的自尊是绝不会允许他在这样的威胁下妥协的。相反，你的辞职会激怒他。

如果你觉得自己的工作状态和效率都还不错，就直接和老板谈，说说你的努力和工作成绩，说后问老板自己还有哪些地方做得不好。你可以说："老板，因为我的工资一直没有涨，所以我想，一定是我的工作还有没有做好的地方，您看，我还需要在什么地方应该加强一下呢？"如果老板真的指出某点，那你今后就多努力做好。一定要注意措辞，让他感到不好意思的时候，就是你涨工资的时候了。

6

欲擒故纵，让男人对你情有独钟

欲擒故纵是中国古代兵法中很厉害的一招，用在男女关系中也妙趣横生。有时候，爱情也需要用点小小的计谋，只是要找准方案。似是而非，敌强我弱的时候，最好的方案就是欲擒故纵，表面上不要把对方放在眼里，其实心里早已把火候把握得不差毫厘。让对方备受忽视的煎熬，最后一定乖乖缴械投降。

电影《全城热恋》中的徐若瑄与吴彦祖扮演了一对对爱情执着的恋人。剧中徐若瑄扮演的是一个富家女，吴彦祖扮演的则是一个小学毕业的寿司师傅，两人相处一年半的时间，却仍然不能让已经事业有成的他克服自己的自卑心理，接受自己爱的人。

面对这个死板、沉默甚至有些愚钝的男人，徐若瑄采取了"欲擒故纵"的方法，假装消失、故不理睬，却在每一次收到心上人电话时都欣喜若狂，最终，用自己的"小伎俩"让男友追回了自己，收获了完美的爱情。

懂得示弱的女人一生守着欲擒故纵的最高原则，即使到了紧要关头也不例外，因为紧要关头更需要非常的含蓄与矜持才能济事。她知道男人是雄性动物，喜欢具有挑战性的游戏，对那些太容易得到的东西，往往不懂得珍惜。于是，她并不急于接受他的追求，或者向他表达自己的爱，她要给这场恋爱增加一定的难度和"波折"。

"欲擒故纵"其实就是和对方打心理战，男人就是这样，越是得不到的越想得到。聪明的女人不妨调调他的胃口，让他觉得你不容易追到手，这样他才会更加珍惜你。

越是优秀的男人，你越是要表现出不在乎他。人都有这样的通病，越是很容易得到的东西，越不会珍惜。恋爱中的男女的智商几乎为零，朝思暮想，全神贯注地把所有心思都放在了对方的身上，却往往适得其反，功亏一篑。

有次吵架，老公要离家出走，杨洁挡在门口说："自古以来都是女人离家出走，你这么做不符合事物发展的正常规律。"老公说："你想怎么样？"杨洁坚定地说："我走，我要把属于我的东西全带走，哼！"说完不由分说地拉着老公跑下了楼。老公问："你究竟要干什么？"杨洁说："你是我的东西啊！"老公说："我才不是东西呢！"说完自觉不妥又急忙改口说："我是东西。"两人大笑，一片乌云就这样散了。

聪明的女孩一定要将这个招数学会，这的确是让他对你着迷的最好方式。他搞不懂你在想什么，你就像雾里的水仙花一样，越有阻力、越有障碍，他就越想进一步接近你、了解你，然后爱上你，这其实便是顺应了男人的征服欲，聪明的女孩绝不能轻易将自己交出去，给他点难度，满足他的成就感，这也能转换为他对你的忠诚度。

无论是对什么样的男人，都要讲一点小策略，当然，这招"欲擒故纵"也要掌握好分寸，不要假戏真做。

比如，故意在他追求你的时候，表现出不冷不热，或者在向他展示自己的时候保留一点秘密，即便在热恋的时候，也会保留自己的独立空间。这些小技巧都能激起他的挑战欲，让他不断地花心思去琢磨怎样才能得到你的芳心。欲擒故纵，是女人在恋爱时获得男人宠爱的最好招数。

男人在玩暧昧的同时，你也可以反过来玩，适当地拒绝他的约会邀请，适当地在他面前说"不"，偶尔表现出冷淡的情绪，自然能勾起他的紧张感。如果再和其他男人亲密地走在一起，便更能刺激出他的醋意。即使他可能一开始并没有心思要和你在一起，可是你的若即若离多多少少能引起他的敏感以及他的注意。

女人想赢得男人，尤其是那些已经为数不多的好男人的心，必须要懂得在恋爱过程中偶尔玩一点儿小花样，永远与他若即若离，保持一点神秘感。比如，当你遇见了一个非常优秀的男人，并且你对对方颇有好感，怎么办？这时，女人不要过于主动给男方打电话，对他的电话，也不要急于回复。在一篇文章里这样写道："有时可以让电话答录机或者手机的语音箱来回应。这会让他意识到你是一个值得等待和花心思的女人，所以，去让他为揣测你在做什么而绞尽脑汁吧。"

每个人都喜欢自己的求爱过程富有挑战性。通过拖延回复电话这样一个小小的细节，就证明了你不是一个简单的可以唾手可得的女人，你有独立的生活和个性。而且，你还可以在这个过程中测试出他对你的用心程度，你可以看清楚他对你究竟是一时的兴起还是真心实意。

第 9 章

收放自如的爱情会呼吸

WEIYOUROURUAN CAINENGJINGZHI

■ 1

你的控制欲，早晚会让他逃离

在竞争激烈的社会中，无疑会让人的好胜心理增强。什么都爱竞争一番，感情也不例外。时代的更迭，女性不再如以前那般柔弱了，争强好胜的心一点都不比男生弱。面对爱，她们也能变得强势。如果女人的控制欲如果过强，那就非出问题不可，更甚者另一半受不了就伺机逃脱了。

35岁的文欣是公司里的总监，成熟而又干练的美丽女人对于男人是致命的诱惑。可是，本来打算结婚的文欣最后还是回到了单身状态。

文欣说，曾经有一个男人在与她分手之前和她说过这样一句话："你真是个很难控制的女人。"她微笑着，心里想：不是我难控制，而是我才是控制者。文欣谈过的几个男朋友都曾这样问过她，"我不知道你和我恋爱，是把我当成男朋友，还是只是当成你手下的一名员工？"原来，文欣在恋爱期间，所有的事情都是由她来控制。比如，她规定什么时候见面、什么时候约会、几点才能打

电话等。

卡耐基说过:"真正的爱是给其自由,而不是占有。"生活中,我们常常把对对方的占有欲看作爱的表现,其实我们错了,真正的爱是应该给他自由。那么就请你放下你的控制欲,毫无保留地给他信任和尊重。无论他喜欢邓丽君还是周杰伦,都不要嘲笑他;无论他和谁交朋友,都不要说三道四;即使他做生意不赚钱,也不要教训他;就算他没有把地板拖干净,也不要指责他……

别看女人外表娇弱,但其实也和男人一样有着强烈的控制欲望,只不过男人试图去征服世界,而女人则更喜欢去控制男人。很多女人为了确保自己的安全感不受侵犯,就会用各种方式去控制男人。从男人的钱包里该有多少钱,到下班几点回家、平时都和谁一起喝酒,甚至家务活怎么做,事无巨细,统统都是过问。

曾经听朋友讲过他大学时一个好哥们儿的故事。这位哥们儿和他女朋友两人是高中同学,大学时分开两地。刚开始很甜蜜,男孩对女孩言听计从,每天早上起床打个电话嘘寒问暖,晚上还一定要视频。可是女孩似乎并不满足,不止一次地要男孩的QQ密码,男孩不给就不高兴。甚至经常拿男孩之前和一些女生说的话作为"证据"怀疑他和别的女生有过交往。后来发展到每天几个电话盯梢,质问他每天都和谁在一块,身边是否有女同学,有没有多看别人几眼,等等。最后,这哥们儿不胜其烦,痛定思痛,和女孩分手了。

席慕荣说:"十六岁的花季只开一次,当你爱上一个人,请一定要温柔地对他,不要逼迫得太紧,要知道橡皮筋拉得太用力也是会断的。"作为情侣,男人很讨厌女人有太强的控制欲。因为,你抓得越紧,他就会越觉得窒息,男人就会越想要从你身边逃开。

每一件小事,都是一次较量、一次控制与反控制的搏杀、一场关乎婚姻未来的战争。男人输了一次就会输了气势,从此一路败退、忍辱偷生,最后郁结成疾,得了"妻管严"。控制欲强的女人会让男人喘不过气来,仿佛这段感情谈得特别累。男人和哥们儿喝个酒,你都要问清楚是谁、在哪里喝、什么时候回来,这样的恋爱谁受得了呢?

当你出现以下几种征兆时,就需要注意了:安排他的时间;你永远是对的;对他花钱评头论足;为他勾勒出职业生涯;不断地给他打电话;总是要求他在你身边;公共场所太黏糊。如果有其中一条或两条时,那么要小心了,你的控制欲可能很强,早晚会让他逃离。

我们从内心开始尊重男人,就要把他当成一个有头脑的成年人,而不是一个不负责任的孩子。我们说话的口吻就会温柔镇定,而不再像一个失去理智的河东吼狮。而男人,当他能够从你的话语里感受到尊重和信任时,自然不会如刺猬一样竖起身上的刺来保护自己,他会更乐于扮演你眼中那个对家庭负责、能搞定一切的男人,而不是像从前那样应付差事。

的确,爱自由是男人的天性。他们要激流勇上、发愤工作,要捶胸顿足地看通宵足球,要海阔天空地畅所欲言,要喝酒打牌结交好友。如果你无休止地围着男人转,会让他感到厌倦。学会放手,学会给他一些空间,让他自由,不要让你的爱禁锢了你爱的人,那样只会葬送了你们的爱情。

2

不要太霸道，将自己的意志强加于别人

女人的爱是霸道的，女人天生想控制男人，而且喜欢改变男人，希望把他改造成自己心目中的完美丈夫，还总爱给自己找一个冠冕堂皇的理由——这都是为你好。

婚后，女人习惯性地以家长的派头将自己的观点强加于男人，比如要求男人如何在工作中怎样怎样、如何搞个人卫生、如何穿戴，如何交朋友，等等。这几乎是所有女人的通病，而这个通病往往却是婚姻矛盾的导火索。

全盈盈谈了一个男朋友，两人相恋已有六年，关系十分融洽。但是，后来两人在谈到对为新房布置时，彻底闹僵了。原来是这样：全盈盈要求她的男友在所有的见解与审美上都要与她保持完全一致。如果男友表示异议，她就认为男朋友是不是没有从前那样爱自己了。男朋友试着和全盈盈沟通，却发现全盈盈简直是不可理喻，便提出了分手。

由于全盈盈总是抱着一种要别人迁就自己的宗旨，使她在交友与恋爱上不断受挫，以致把自己推向了孤立的境地，失去了原本美好的爱情。

有种女人，从骨子里露出天生的控制欲，她总想着通过控制自己的男人来得到心理上的满足。这可能是从小养成的唯我独尊的性格，也可能是自己内心的不安全感造成的。她认为自己永远是对的，而男人是根本不存在独立的思想的。即便是有，那也是一文不值。

其实，每个人都有自己的意志、自己的思想和自己处理问题的方式方法，千万不要把自己的意志强加于人。女人不能太霸道，不管这个男人曾经怎样宠你、爱你、娇惯你，你都应该知趣，懂得知足。绝不应该由此而滋生霸道气息，甚至到不允许爱人有自己内心世界的地步，那你在他的眼里就变得不可爱了。

生活中，总有很多女人以爱的名义不停地给予，甚至强制性地控制，也不管对方是否需要，让对方按照自己的意愿生活。这种过度关怀恋人的行为实际上是"让别人需要自己的需要"。

只有傻女人才会把自己的需要强加给丈夫，因为那样做只会激起丈夫的反叛心理，即便是听从了，也不是心悦诚服的。有些女人常常按自己的喜好来关心对方，把自己的喜好投射给对方。她们从不考虑对方的好恶，强制要求对方完全按照自己的思维方式去理解。比如，自己喜欢某一事物，跟他人谈论的话题总是离不开这件事，不管别人是不是感兴趣、能不能听进去，别人如果不感兴趣，她们就认为是别人不理解自己。

如果经常将自己的看法强加给自己的爱人，而且无论在什么场合下都会直接地回击丈夫，永远认为自己就是对的，这也许是在平时的婚姻中养成的一种习惯。其实这样的女人是自私的，她们爱的更多的是自己，当自己的"利益"受挫时就会想要反驳、甚至是击退，她们没有考虑到男性的自尊。聪明的女人是绝对不会如此的，她们知道男人的面子有时胜过一切。

■ 3

给男人独处的时光

不管男人多么爱一个女人，也需要自己的空间，智慧的女人绝不会时时刻刻黏在男人身边，留给他独处的时间，是一个明智的选择。

在现代快节奏的生活下，男人面临着越来越大的压力，与女人面对压力时，热衷寻求倾诉对象的方式不同，每当压力来临时，男人都会找一个"洞穴"来解压。对于男人来说，这个"洞穴"就是他们的秘密花园，也是精神隐蔽所。据说，男人都有"穴居"期，如果一个女人，在男人进入独处的"洞穴"后，仍然穷追不舍，步步紧逼，渴望整天和男人"腻"在一起，寻求亲密与爱抚，他往往会不堪重负，迈开步子"落荒而逃"。所以，不如索性让男人享受独处，在"洞穴"里"修炼"上一段时间。

雯雯和志强恋爱一年多了，还处在热恋期。每逢志强遇上点大事，雯雯就很不放心他。"我就总想管着他，但是他却很烦我问这问那，我也想让自己不管他，但是总是做不到。他和他的一个朋友走得很近，他朋友找他，他从来不烦，可是我问他，他就很烦，不想跟我说话。为什么啊？"面对男朋友的不理不睬，雯雯老是疑心重重。

后来有一天，志强实在是被问得不耐烦了，就开诚布公地表示不和她讨论是因为不想让她和他一起烦恼，面对问题总想默默地自己处理好，只要雯雯在他的保护下生活得开心和幸福，就是他最大的希望。雯雯听完之后，顿时热泪盈眶，哽咽着说不出话来。自此之后，每当志强为事情烦恼的时候，雯雯都默默地把家事做好，为他倒上一杯水，或在他旁边静静地靠着，或是让他独自待会儿。而志强也会放松心情主动说出一些小心事。

距离产生美。其实对待男人，女人只需要像放风筝一样，抓紧绳索，任由风筝自由地飘飞，给对方一点空间，相互体谅，相互尊重，相处自然会行云流水。

女人需要了解，在四种状况下男人需要独处。

第一，面临挑战，作重大决策。男性在面临人生的重大转折时，总是习惯一个人做决定，然后将结果告诉别人。其实他并不是要隐瞒什么，只是不想让亲人也来承受本应由自己承受的压力和烦恼。所以女性一定要给予理解和支持。

第二，受伤或失败，自我疗伤。男人在外面总是愿意表现出一副精力充沛、勇敢坚强的样子。但是他们总会有受伤的时候，而在受到伤害或失败的时候，他们渴望一人独自静静地待一会儿，全面地总结一下经验教训，进行自我疗伤。这个时候，他们不希望别人看到自己脆弱的一面。因为在男人看来，男子汉大丈夫，任何困难都得自己扛。所以，最好先别打扰他，等他自己想清楚了，自然会讲给你听。

第三，遨游虚拟空间，弥补现实世界的空白。男人骨子里所具有的英雄主义情结和理想主义情结决定了几乎所有男生都喜欢电玩，那是属于青春的附属品。在游戏等虚拟的世界里，他可以扮演一个盖世英雄、一个多情浪子、一个残暴的君王，这些角色满足了男人在现实世界无法实现的心理需求。在这个外人无法干涉的空间里，他获得了许多自己想要的东西，得到了快感。他们经常坐到电脑前玩得天昏地暗，忘记了世界的存在，而且不愿意别人来打扰。

第四，不愿与别人分享的秘密。每个人都有不愿与人分享的秘密，男人也不例外。如果某天男人忘了关上他一直紧锁的柜子，你好奇地打开，发现里面暗藏着很多连载动漫书和机器人，记住千万别去追问他，因为他害怕遭到嘲笑。给他一点自己的空间，让他拥有自己秘密。

面对想独处的男人，智慧的女人不会死缠烂打，更不会轻言放弃。她知道，应该给他独处的时间做自我调整、自我释放、自我交流、自我发现。总之，"智慧的女人，是真正了解男人的女人"。

4

不要试图去"修剪"男人

在一档电视节目《大话爱情》中,王文华老师说:"男人的本质是永远也改不了的,除非是在婴孩时期。"

女人想要征服男人最有效的方式就是尊重他、理解他,而不是试图去改变他、费尽心思让他在婚后与你有相同的轨迹。男人是无法被女人所改变的,不管你肯付出多久时间和多少努力,若是一直拘泥在寻找"修剪"男生的方法,激情褪去后就只剩消亡的爱情了。

常常会在一个家中听到这样的对话:

"出去逛街不准盯着别的女人看,你眼里只可以有我。"

"上班时固定时间打电话汇报,下班时准时回家报道,有饭局提前几天告诉我。"

"上班穿西装,下班就不用再穿西装了。"

"早上六点钟起床,晚上十点钟睡觉。每天玩游戏的时间不准超过两个小时。"

……

据资料不完全分析和统计,男人在伴侣眼中需要进行"修剪"和改造的地方至少都有1000多处,无论经过多长时间的改造都无法达到自己满意的程度。

心理学家荣格说:"每个男人的灵魂里都有一个女性的成分,每个女人的灵魂里也有一个男性的成分,你灵魂里的那个人是什么样子是固有的,它就是你对未来爱人的活生生的画像。"你如果喜欢苹果,你就选择苹果,为什么要选择鸭梨然后再把它改变成苹果,你变得辛苦他改造得也很累。

孙小雅的父亲去世后母亲曾和小雅说过这样一段话:"我和你父亲过了一辈子,我一直试图改变他,但是到最后我发现,这种改变是徒劳的,只能带来更多的争执和烦恼,以后你在婚姻里要学会更多的顺从和容忍,婚姻中更多地是需要做减法而不是做加法。"

母亲的话小雅牢记在心底,并试着磨去自己的棱角,不去太过苛责老公,老公没有把碗筷刷干净,拖完地没有洗干净拖布,将脏衣服扔进洗衣机时没有检查口袋里的东西……生活中的小细节可以忍让的小雅都没有斤斤计较。慢慢地小雅发现,和老公的争执少了,关系也更和谐融洽了,家里的气氛也更加轻松自在。

女人会因为男人的成熟、细心、会照顾人等因素而选择这个男人,而等真正拥有了以后,女人理性地认为这些是男人理所应当的,看到的便满满的都是缺点,于是提出了改变的要求。

女人擅长手工制作，男人擅长物理化学。女人喜欢把不适用、不喜欢的事物进行改造，改造成自己喜欢的样子；男人则喜欢进行分析对于不适用的物理化学方法，并重新选择可以得到数据的方法。所以，女人的个性是希望可以"修剪"男人，而男人的个性是不满意就换一个新的女朋友。

女人的本性在于播种，而男人擅长的在于涉猎。男人单纯地认为猎物在手就是拥有，而女人则需要不断耕种证明土地的所有权。女人只有牢牢关注男人的每个细节，进行不断的修剪，才确定这个男人是属于自己的。

女人，你在爱上这个男人之前，还没有对他进行改造，你爱上的是他遇见你时最初的样子。男人就像顽石，有棱有角，他会在遇到合适的人之后进行自我改造，经过女人的改造男人会变成一件"工艺品"，但是却失去了原本的颜色。

在你改造男人时，他的内心永远有这样一个声音，"我是人，不是橡皮泥任你随意摆布。"因此，"修剪"男人不是一个明智的选择，做一个让男人宠着的女人才会幸福一生。

■ 5

男人的事,请不要越俎代庖

自古以来,无论是职场还是婚姻关系中,越俎代庖都不是明智的选择,也是件不会被认同的事情。

工作中,领导喜欢"笨"一点儿的员工,喜欢懂得听话的员工,做好职责内的事情,认清自己负责的工作权限,不要跨越了别人负责的领域,否则只会自毁前程。

逞一时之勇则会带来一系列的连带问题。比如,会让领导怀疑你有夺权之嫌,更会让人觉得你不守规矩,再加上会造成贬低领导、败坏领导形象之弊端,假如你把自己放在这种处境下,即使你再有能力、再付出十倍的努力,终究也无力回天。

王妃是北京某协会的一名普通职员,她总认为自己的能力出众,为人热情。

在一次协会组织的国际论坛上,很多外国学者前来参加。为了确保论坛可以圆满成功协会领导仔细安排了各项工作。每个人的职责各不相同，王妃接到的任务是负责安排宾馆相关工作，但并不涉及接洽的职责。

当外宾到来时，王妃觉得这是个可以展示自我的机会，她自认为英语表达和沟通能力强，而负责接待外宾的同事的口语水平一般，于是她便很热情地用"中式英语"同外宾热情地沟通、交谈，并且不断地给予外宾拍肩膀的"鼓励""赞扬"，这让外宾陷入了尴尬的境地，但又不好意思表现出来，他们也不理解协会的负责人为什么会派这样的人来做接待。

协会的负责人得知这一情况后，赶忙用其他事情支开了王妃，这才让众人松了一口气。

论坛终于圆满结束了，但是王妃的人际关系一落千丈，领导觉得王妃"越权"，同事则认为她"显摆"，在协会展露手脚的机会自然也就减少了。

女人在职场中有属于她的优势和能力，不要试图争抢风头，这样只会让自己陷入孤立无援的境地。聪明的女人要懂得在领导面前"笨"一点儿，做好职责和任务范围内的事情，不随便替领导拿主意，不随便做其他同事的工作，要懂得职场的生存之道，不要轻易地崭露头角，实力自然会帮你证明一切，否则给领导及同事留下坏印象，就是职场中最大的败笔。

不要试图用你的思维来束缚男人的思想，不要强行替男人做决定，越俎代庖的行为反而会弄巧成拙，聪明的女人只会做丈夫的助手，不会代替丈夫行使本该属于他的权利。

听过这样一则笑话：

前美国总统克林顿夫妇的汽车在高速公路上抛锚了，这时，一个加油站的工人上前，希拉里悄悄地在克林顿耳边说："亲爱的，他是我的初恋情人。"克林顿得意地一笑："幸亏你没有嫁给他，不然你就成不了第一夫人了。"希拉里冷静地说："不，要是我当年嫁给他，他就是美国总统了。"

在婚姻生活中，若是把家看作医院，男人好比是产科医生，女人则是助产护士。这则笑话蕴藏着一个道理，聪明的女人虽甘愿做助产护士，但是却是男人在通往成功的道路上不可或缺的角色。在医院里，助产护士的工作是负责帮助医生顺利地将孩子生下来，而在现实生活中，女人的工作则是帮助男人激发出拼搏的斗志，更好地辅助男人走向事业的辉煌和成功。

在《男人来自火星，女人来自金星》一书中，深刻地揭露了男人和女人之间在沟通方式、想法、感觉……各个方面都存在不同，对于爱情的需求也各不相同，看待和思考问题的角度也各不相同，男人和女人来自不同的星球，需要不同的养分。

事业心强的女人在社会中越来越多地出现，这些能干的女人们，在工作岗位上把握全局，在家庭中也是掌管大小事情，将重担和责任统统扛在肩上，但是身为丈夫却不一定可以接受，女人总是抱怨自己太过委屈：我把全部的心思都放在这个家里，他怎么还有那么多意见呢？

男人的担当、个性、品格在你面前完全没有价值，这已经严重地威胁了男人在家中的地位和他们的自尊心，并不是所有男人都可

以"衣来伸手,饭来张口"地过日子,婚姻是一场舞会,需要两个人共同的努力才能跳出生活的主旋律,若是只依照你的节奏起步,肯定会造成彼此的伤害。

男人无论外表如何,他都会渴望给自己心爱的女人足够的安全感,他认为保护自己心爱的女人是必须的,女人要做的就是顺从,男人喜欢享受这种顶天立地的自豪感。女人的一生都在追求幸福和可以带给她幸福的爱人,构建一个属于自己的爱巢,尊重丈夫便是尊重自己。

很多女人已经忘记了自己的天性,撒娇示弱的本能已经慢慢消失,在强势的社会环境下,更多的是要学会如何分担男性的负担,和男人共同承担起赚钱养家的责任。

6

不要干预他的工作

因为工作的问题,男人需要经常外出应酬。他外出应酬的时候,你不用追问他是和谁在一起,如果他想告诉你,他就自然会告诉你的。男人喜欢把爱情和工作分开,如果女人不识趣地过分干预他的工作,反而会让男人接受不了。

俞涛是一家私营企业高薪聘请的经理。他很聪明,看上去很适合这个职位,但令人不解的是,他接任新工作以后,同在一家公司工作的妻子竟然直接干预他。

每天早上,她都和俞涛一起来办公室,坐在俞涛的旁边,记下俞涛的话,交给外面的助理们去办,她还准备变更俞涛的整个工作模式。后来,办公室的整个工作情绪全被他妻子破坏了,俞涛的下属不知道是听俞涛的指令还是他妻子的,他们不知怎么做才是正确的。结果,俞涛上任才短短几个礼拜,就被叫到领导办公室去了,领导礼貌且委婉地告诉他,公司不能再留他了。结果他只好离

开公司了,当然是带着他的太太一起离开的。

如今,随着男人在事业上的成功,好心的朋友都会暗地里劝说他们的妻子,要盯紧自己的丈夫,小心被别的女人抢走了。于是,很多女人就想出了各种各样的管制丈夫的方法,结果不仅没有帮助丈夫在事业上取得进步,反而弄巧成拙。

控制欲强的女人总是喜欢处处干涉男人,比如,不断地告诉他,应该如何改善工作,如何增加销售额,如何奉承自己的上司等。这种喋喋不休的"指导",会压得男人没有自由喘息的空间。但是,有些妻子会严重干扰丈夫的工作:她们喜欢劝告、干预和影响自己的丈夫,并筛选和他一起工作的人,或者抱怨丈夫的薪水、工作时间和责任,把自己当作丈夫工作上的地下顾问。这种妻子常常会扼杀丈夫的成功,而其他的事情很少会有如此的严重性。

陈美的老公在广告设计公司工作,是公司里最受器重的经理,但却被迫辞职了,原因就是因为他的妻子坚持要干预他的业务。

陈美老公所在的公司竞争很激烈,为了帮老公站稳脚跟,她绞尽脑汁地设计了许多秘密方案来帮老公扫除其他"竞争对手"。陈美经常在其经理的太太们之间挑拨离间,有计划地散布谣言、攻击其他经理,当然她的这些行为老公并不知情。结果事情越闹越大,陈美的老公无颜面在公司再待下去了,便主动请辞了。

一个成熟的男人,不会把工作上的事情带回家里,男人也不喜欢妻子太多过问自己的工作。他知道，即使告诉你了，你也帮不上什么忙，只会增添你的烦恼。聪明的妻子应该放心让丈夫去闯，并以不干涉的态度来处理丈夫的工作和丈夫业务伙伴的关系。

工作上的事，男人不喜欢女人干预。你要相信自己的男人能处理好工作上的一切事情，你只要帮助他把家里管好就可以了，让他对家里没有牵挂，专心做好自己的工作。

夫妻双方保持一定的距离是非常重要的。如果你的爱让伴侣感到窒息，对方就会讨厌你。要保持对方对你的新鲜感，是漫长婚姻生活中必不可少的。如果夫妻成天泡在一起，早晚有一天，双方都会感到索然无味。如果你爱他（她），那就让他（她）去做自己的事，八小时之外或是晚上和你在一起就足够了。

懂得示弱的女人，不会时刻把男人攥在手心里，她们会给他充分的个人活动的空间，自由独立，他会知恩图报，倍加珍惜妻子的信任，外面跑累了，会乖乖地回家。相反，你给丈夫更多的禁锢，给他披枷带锁，让他感受到的只有"有妻徒刑"的煎熬，那么他脑袋里整天想的就是怎么才能摆脱这种生活。

让男人有自己的生活空间、独立的社交圈子，做妻子的也正好放松一下自己，邀上三五知己，聊天、逛街……做自己喜欢做的事，或者去女子俱乐部放松一下，何乐而不为呢？抓住一个男人的心不是一定要每天的占有，自私的占有只会让男人感到压抑和无所适从，甚至会产生想逃离的欲望。懂得适当放手，多给对方一些自由，才能把家变成男人真正休息避风的港湾。

妻子们要是想在事业上帮助丈夫，有两件很重要的事情可以做，第一件就是爱他、鼓励他，第二件就是信任他、放心让他独自去闯。而不是去"抖机灵"地帮助丈夫爬上更高的宝座,去想了一些"策略"、提出许多暗示和建议。这样的"爱"往往使丈夫丢了工作,而不是升职加薪。

7

把经济大权让给男人掌管

婚后，女人对于长期晚归的男人缺乏安全感，女人的敏感度也较结婚之前高出很多。很多女人害怕老公在外面花天酒地、纸醉金迷，迷失了自己，伤害了家庭。因此，一部分女人想要通过控制男人的财政权力而握紧男人的心。智慧的女人选择不把控男人的钱财，而是让男人来当"管家"。

张彦气急败坏地冲坐在沙发上看报纸的丈夫连珠炮似地怒问："你这个月的工资呢？卡里怎么就剩这么一点儿了。"她说着把手里的500元甩在了桌子上。望着大发雷霆的妻子，健伟心虚又无奈地回应道："前几天有个朋友着急付房租，就向我借了点儿，说这个月底就还我。你发那么大的脾气干吗？"

张彦瞪着眼说："我怎么不生气，你不知道家里现在缺钱吗？这几天孩子病了，花了1000多，你倒大方，发了工资就借给别人了。再说，谁知道是不是借给别人了……"健伟一听就有点火

了:"你说什么?再给我说一遍。"张彦自然也不甘示弱:"我再说一遍怎么样?看你还能把我吃了?"

健伟说:"你少在那儿瞎猜,你要不信就去问问。家里又没缺过你钱,你少在这吵吵。""这么说,你还有理了?一个月拿那么一点儿工资,还装什么大方?"张彦开始对丈夫冷嘲热讽。健伟听了火气更大,他从沙发上跳起来大声说:"我的工资我好歹也有处置的权利,你没有资格管我。"张彦一听伤心极了,结婚近四年了,几乎每隔一段日子,她和丈夫就会为类似今天的事情吵架。

女人虽然在家掌握着财政大权,但是生活中的各种琐碎开销都会让女人变得斤斤计较,不胜其烦。因此,不如把财政大权让给男人,让他体会一下你的"难处"。让老公管钱,可以强化他对家庭的责任感。让他充分认识到什么是"不当家不知柴米贵",既增加了他努力赚钱养家的动力,又能帮助他改掉花钱没有计划的习惯。

女人因为心思细腻,仿佛天生就有一种"量入为出"的本领,通常善于安排家用。但是,女性优柔寡断的天性,却让她们在家庭大的投资决断中有时显得力不从心,其实,在家庭理财方面,男人有男人的优势,女人有女人的长处。夫妻双方由于理财观念和掌握的理财知识不同,两人的理财水平肯定会有所差异。谁擅长理财,谁就应该成为家庭的"内当家"。

娇娇是个喜欢打扮的时尚达人,婚前常跟姐妹们去逛街,看到什么好看的衣服鞋子就会忍不住买下来,家里闲置着不少衣服鞋子,花了不少冤枉钱。

结婚后，为了家庭的长远大计，她心甘情愿地把财政大权让给了做生意的老公，连自己的工资卡也交了出去，要花钱先跟老公商量商量，征得同意后再买。

"这样可以帮我控制一下花钱的速度。"当姐妹们问她："你不怕老公搞私房钱另有所图吗？""不怕。爱他就相信他。当然，我也经常检查一下账目，对家里的收支情况有个大致的了解。既然两个人一起过日子，也就没必要斤斤计较了。"娇娇觉得自己有份收入不错的工作，哪怕老公日后变心也没什么可怕的，因为自己经济独立。

很多人始终认为男人是有钱就变坏。女人最怕的是男人有了钱就在外面花天酒地，因此，把管住男人的钱就可以管住男人的花心当成是不二法宝。其实，这只是女人的简单幻想，男人如果想要花心，并不会因为老婆不给钱就可以简单扼杀掉的。道理很简单，男人如果想要藏匿私房钱是再容易不过的事情的，假如女人不懂得控制技巧，只是一味简单粗暴地让老公口袋比脸还干净，只能增加男人的反感并产生逆反情绪。

如果男人在单身的时候是挣多少花多少的状态，结婚后也别指望他们有所改变。他们觉得个人理财是一件很麻烦的事，还不如将精力放在业余爱好上。所以男人将家中的财政大权交给女人是因为他们懒得费心思。

殊不知，让男人管钱受益最多的却是女人。第一，彼此更加信任。既然家里的钱都由他来掌握，他自然也不好意思辜负你的信任，也没有了瞒报收入的必要，这就彻底杜绝了老公私设"小金库"的隐

患。第二,满足彼此的虚荣心。可以让他理直气壮地向朋友吹牛:"在家我说了算!"而你也可以幸福地向闺蜜夸耀:"看见这漂亮衣服和包包了吧,都是我老公给我买的"。第三,做最后决策人。虽然是男人负责管钱理财,但是你可以随时发挥监督职能,小事他做主,大事你批准,真正做到了"老公当家,我做主"。

■ 8

给男人保持兴趣爱好的自由

每个人都有自己的爱好,这是一种心理需要,也是精神生活中必不可少的一个内容。作为妻子,必须尊重丈夫的爱好,尽量去满足对方的心理需要并提供一切方便,不要加以限制。

有人说,"婚后的女子要警惕被丈夫抛弃。"于是,很多女人就开始限制丈夫的行为,控制丈夫的时间,比如,下班后必须回家、不准和女同事来往,等等。而聪明的女人则会把男人看作风筝,一方面把他放飞,而另一方面紧紧地把线握在手心。

席娟是一名会计,在公司里是出了名的漂亮姑娘,后来她又嫁了一位既能干又体贴的如意郎君,她心中的幸福自然是不言而喻。但是她的如意郎君有一个爱好,就是喜欢和许多朋友一起去郊游。每到周末,他早早就出发了,直到很晚才回来。推开家门,疲惫的他靠在沙发上,虽然家是那样明亮、清爽、舒适宜人。可是,他感到家里的气氛不大对劲,妻子一脸的伤心,他忙问:"发生了

什么事?"席娟流泪说:"你还记得家呀?"丈夫知道她因为自己周末没有陪她而生气了,忙不迭地向她道歉,末了并照例保证不再发生类似事件。

后来,丈夫想这也不是办法,于是他就找了个时间对席娟说郊外的空气是多么的新鲜,在外面野餐是一件多么愉快的事,还说,有时候还能摘到酸酸甜甜的野果,直到把席娟说得也动了心,乐颠颠地加入郊游队伍中了。于是,每到周末,他们夫妻二人就会和许多朋友去郊游。而席娟在体会到了郊游的乐趣后,常常是提前一个周末就和队友们开始计划下一次郊游了。

一个有自己兴趣爱好的男人当然是有独特魅力的,艺术、书法也好,钓鱼、登山也罢,都是他积蓄生命能量的过程。如此,奔放的人格魅力才得以展现。试想,假如只是为了柴米油盐而结婚的男人,你还会被他吸引吗?如果他在婚姻中能够长久地保持着对自我爱好的热情,并且不被打扰甚至恶意阻碍,那么他对婚姻必会充满了感恩。很难想象一个总被耳提面命要学习大把赚钱而其他一切都不可兼顾的男人,会在生活中感觉到幸福。失去了爱好和自由的男人,对婚姻只会想到两个字:逃离。

茜茜和丈夫夏鹏天性好玩,但各自的兴趣却相差甚远。谈恋爱时,朋友和家人就觉得两人的怪异:各玩各的,从不腻在一起,茜茜会很愉快地邀约姐妹们逛街血拼,夏鹏则会与几个好友一起去沙滩冲浪。

结婚后,朋友提醒茜茜要小心夏鹏冲浪会不会结识很多比基尼美女。茜茜却一点也不在意地说："难道我不让他去海边，他就结识不了美女了吗？"茜茜从来不干涉夏鹏的兴趣爱好，这种"放养"的方法，反而让茜茜和丈夫之间的距离更亲近了。

男人通常都有很多嗜好，比如运动、聚会、欣赏自己喜爱的体育项目，等等。他们常常想到家庭以外的群体中寻找一种更轻松自然的感觉，从而让自己的生活更丰富，这是无可厚非的。因为，嗜好可以改变生活的调子，松懈紧张的情绪。有价值的嗜好不是使原来的生活变得无意义，而是使其变得更有趣。

在《婚姻指南》一书中看到这样的一段话：结婚后的夫妇过着非常亲近的生活，他们在一起做每一件事情，结果常常给双方的关系造成了窒闷的影响。培养不同的兴趣和嗜好，可以形成经常性的变化，帮助他们保持婚姻的新鲜和活力。

不要再抱怨你的老公总是独自过着丰富多彩的业余生活，而没有来陪伴你，总是让你在寂寞的等待中度日。家庭生活中，如果两个人都允许对方拥有自己的独立空间和时间，那会让对方从各自的兴趣爱好中得到快乐，你的家将不会有抱怨、争吵和战斗。

第10章 语气柔婉惹人爱

WEIYOURUORUAN CAINENGJINGZHI

1

千万别把"刀子嘴豆腐心"当成一句赞美

在很多影视剧里,常常会有这样的一个桥段:众目睽睽下,有一个女人,突然冲出来,对着另一个人指着鼻子大骂,骂完就走了。这时候又出来一个和事佬,极力地劝说气愤不已的被骂者,"你不要把她的话放在心上,她这个人,就是刀子嘴豆腐心,其实还是为你好……"

由此可见,虽然"刀子嘴豆腐心"的女人是为了对方好,但是谁也不能否认,一个女人如果常常表现出"刀子嘴豆腐心",那么这个女人的人缘也好不到哪里去,试想有谁愿意和一个嘴巴不饶人的女人相处呢?

为他人好的方式有很多,为什么偏偏选择这么令人难以接受的方式呢?"刀子嘴豆腐心"的女人,言语尖酸刻薄,太伤人感情,同样也是不尊重他人的表现。于是乎,这些刀子般的女人,常常因为一句不投机的话失去朋友、同事的信任,也常常因为一句脱口而出的话而丢了到手的利益。

女人千万别把"刀子嘴豆腐心"当作一句赞美之言,善交际的女人,"刀子嘴"实在是要不得的,需三思而后言,不要让你不合时宜的话,闯入了对方的禁区。女人只有掌握了说话的规则和技巧,说合适的话,说人爱听的话,说人乐意听的话,才会使自己进退自如、左右逢源,才能赢得生活中各方面的良机。

关于韩清涵被辞退一事,同事们没有表现出应该的惊讶,反而私底下议论:"小韩啊,自找的,我好几次都提醒过她了。"

刚毕业的韩清涵大大咧咧,说话从来不经过大脑。一次,看到公司内部存在制度问题,于是韩清涵想都没想就直截了当地向老总提出了自己的看法。一开始老总还挺高兴,认为小韩是个有主人翁精神的青年人,不料韩清涵的直言不讳是越来越多,烦不胜烦的老总只好让韩清涵卷铺走人了。

工作中,很多女性觉得有话直说才是工作上最重要的事情,这样才能提高工作效率,才能免去工作中存在的诸多弊端。于是很多女性喜欢直言不讳地指出工作中存在的问题,却丝毫没有考虑领导的感受。这时候,你的"率真"和"直言"很可能就决定了你在公司的去留。更何况,我们向领导提意见并非需要"刀子嘴",给建议和忠言加点蜜糖不好吗?这样领导愿意听,也愿意去慎重考虑你提的建议,这样你非但没有以下犯上的罪名,反而博得以公司为家的好名声,何乐而不为呢?

刘孜是个直言快语的女人,常常说出一些伤人心的话,却不自知。因此，她的人际关系常常告急。

一个周末，刘孜和闺蜜莹莹去逛街。莹莹刚试穿上一条今年流行的吊带长摆裙，显得婀娜多姿，不料刘孜斜着眼说："莹莹，你怎么又胖了，你看这粗胳膊粗腿的，糟蹋了这漂亮的裙子。"

此话一出，莹莹心里很不痛快，恨恨地走进更衣室，换下了那条裙子。

女人们要知道，有时候我们过分直白、心直口快，会给自己带来糟糕的人际关系和灾难。坦率直言，想说什么就说什么，毫无掩盖，直来直去，极容易伤害了别人的感情和脆弱的自尊心。无论是朋友还是家人，谁经得起你这样的冷嘲热讽？

如此一来，无形之中你就多了几个潜在的敌人，少了几个真心相待的朋友，百害而无一利，实在是可惜。

公司里人人皆知，杜冬卉是个心直口快、刀子嘴豆腐心的女人，虽然自己说话常常伤到了别人，但她并不以为然，毕竟没有伤到自己。不过有一次，因为这样的性格，她就被别人当了靶子使。

那次，有同事向杜冬卉义正词严地告发了关于那个新调来的同事的各种"罪行"。杜冬卉自然气不过，她眼睛里容不得沙子，于是马上跑过去与新同事争辩一番。新同事也不是吃素的，对于无中生有的事情自然不能背黑锅。就这样，杜冬卉无缘无故就与新同事结下了恩怨。

坦率直言、说话不加三思的人往往会被别人利用。因为坦率，

所以你对事情的反应很激烈,而看事情的想法也简单,所以很容易被对方的话激怒,同时也很容易替别人抱打不平。所以,我们要告诫自己,说话不可过于坦率、过于热情,小心我们热情和坦率的背后,抵着来自对方的一把刀。

祸从口出,千万不要再当那个"刀子嘴豆腐心"的女人了,人人都有自尊心,说话时考虑一下方式,不要伤人自尊;说话时更应该考虑一下后果,千万不要让自己被他人当作靶子使。

■ 2

用温和的讨论代替争吵

你常会遇事小题大做，被情绪牵着鼻子走吗？你常会为生活中的小事耿耿于怀吗？与其因为一点小事便逞一时之快，说话不加考虑，伤害了对方的自尊，把矛盾激化，还不如心平气和地与人讨论，反而能使事情得到更好的解决。

七夕节那一天，邱帅和美子一起在外面吃过晚饭后便回到家中。邱帅拿着笔记本电脑玩游戏，美子则坐在客厅的沙发上看电视。邱帅突然想起那天有球赛，便赶紧更换了电视频道。正看得津津有味的美子生气地对邱帅说："你换什么台啊。"邱帅辩解几句之后便沉默不语，美子越想越生气，用手指着邱帅说："你总是这个样子，经常出去打牌，把我一个人丢在家里，回家后又一句话不说，你让我怎么过。结婚前还说以后什么都听我的，现在居然看电视都要和我抢。"气不过的美子见邱帅还是不搭理她，便跑过去把电源拔了。于是，一件小事就这样演变成了大打出手的家庭暴力事件。

都说爱生气的女人最容易老,所以,懂得适当地示弱,一些小事就睁一只眼闭一只眼让它过去。学会在和人起了争执时,在最激动时试着劝劝自己,试着用温和的语气和对方讨论,或者走到清净的地方做一下深呼吸,避免激化矛盾,这样对双方都好。

比如,有个同事正忙着工作,你正好有事找她,她却不耐烦地说:"唉呀,讨厌,我忙死了。"这时,你千万不要与她争吵,你可以说:"啊,对不起,我现在不忙,如果您有事,尽管吩咐……"在那一瞬间,你的这句回答必可缓和紧张的气氛,对方也会感觉自己说话太过分,她必会道歉:"真抱歉,刚才对你态度不太好。"

李睿在一家公司干了五年,好不容易才升到了主管的职位。但是,还没等她好好感受一下当官的滋味,就被迫辞职了。

那是一个星期天,李睿领着自己的手下对公司模具部门的工模进行盘点,作为主要负责人,她对盘点事项做了详细的安排,大家都在车间有条不紊地忙碌着。李睿的上司忽然来了,看了她们的工作步骤后,摆摆手大声说:"停下来,停下来。"并指点李睿应该如何如何,李睿向上司解释说他们的方法是科学合理的,这也是他们多年的经验积累,并且大家都已熟悉了这种方法。

没想到上司立即阴沉了脸,非常冷静地命令她,必须按他说的要求去做。李睿觉得上司的指示明显有漏洞,不可行,就据理力争,接下来就是难以自控地与上司发生了激烈的争吵,双方都暴跳如雷。最后李睿说:"既然你那么坚持,那你就让他们按你说的去做吧。"说完就离开了。

虽然后来还是遵循了李睿的方法,但是之后不管李睿如何卖力,都再得不到上司的赏识和赞扬,在每周的例会上经常会被纠错,当作典型挨批。李睿终于明白,她顶撞上司的那件事还没有过去。她在这家公司的发展空间基本被封死了,郁闷之余,只能无奈地选择离开。

一位名人曾这样说过:"如果你握紧了拳头来见我,我可以明白无误地告诉你,我的拳头比你握得更紧。但如果你来我这里,对我说:'我想和你坐下来谈一谈,如果我们的意见相左,我们不妨想想看原因何在,问题主要的症结又是什么。'那么,我们不久就可看出,彼此的意见相距并不很远。即使是针对那些不同的见解,只要我们带着耐心,加上彼此的诚意,我们就可以更接近了。"

不要一有不和就和对方争吵不休,即便是你吵赢了,你的强势也会使得你的形象大打折扣。最简单、最直接的沟通不失为一个好的选择。想办法控制自己的情绪,或者把坏情绪通过另外的途径排解出去。等到双方都冷静下来时,再把事情拿出来仔细讨论,讨论的时候应该心平气和,保持理智,不能使用过激的语言。

首先明确冲突的主要原因是什么,双方分歧的关键在哪里;然后再进行冷静的分析,最后找出解决问题的方法。只有这样,才能保持和睦的家庭关系和邻里关系。其次,要培养多方面的兴趣和爱好,如绘画、书法、养花、集邮、下棋、跳舞、听音乐、打太极拳等。这样既可以修身养性,也可以陶冶情操。

温和的态度永远都是让人无法拒绝的,有时不需要直接的命

令，一句话就能让他人感受到温暖，自愿做出你所期望的行动。

同样，情侣恋人之间的吵架、斗嘴不可避免地发生时，不要每一次都硬碰硬地结束战斗。想要彼此之间感情不受影响，就要学会冷静地处理和应对。对待生气的最好办法就是显示出你的温柔。你不计较他的暴躁，反而不断地关心他，理解他的心情，温柔似水，再冷的心也会被融化。

3

先赞扬别人的优点，再指出别人的不足

理发师在为顾客修面之前，得先涂上有润滑作用的肥皂泡沫，以防锋利的刀片伤到面部。同样，当我们要批评别人的时候，为避免伤害其自尊心，也要先做一点防护措施，比如先给予肯定。

一家外国食品公司的经理亲自设计了一个商标，于是开会征求各部门的意见。经理说："这个商标的主题是旭日，象征希望和光明。同时，这个初升的太阳的图案很像日本的国旗，日本人看了一定会购买我们的产品的。"然后他征求各部门主任的意见。公关部和市场部都极力恭维经理构思的高明。

最后轮到销售部时，一个青年职员发表意见道："我不同意这个商标。"全办公室的人都瞪大了眼睛看着他。因为这毕竟是经理亲自设计的。

"你不喜欢这个设计？"经理吃惊地问道。

"我不喜欢这个商标。"青年人直率地回答。但是他明白，

和经理辩论审美观是得不到什么效果的,所以他只是说:"我恐怕它太好了。"

经理笑了起来,说:"这倒使我不懂了,你解释一下看看。"

"这个设计鲜明而生动,自然是毫无疑问的,因为与日本的国旗相似,无论哪个日本人都会喜欢的。"

"是啊,我的意思正是如此,这我刚才已经说过了。"经理有些不耐烦地说。

"然而,我们在远东还有一个重要市场,包括中国以及东南亚国家,这些国家和地区的人们看到这个商标,也会想到日本的国旗。尽管日本人喜欢这个商标,但是由于历史的原因,这些国家和地区的人会对这个商标产生反感。也就是说,他们不愿意买我们的产品,这不是因小失大了吗?照公司的营业计划,是要扩大对中国和东南亚国家及地区的贸易,但用这样一个商标,结果是可想而知的。"

"我怎么没有想到这一点,你的意见对极了。"经理几乎叫了起来。没过多久,这个青年人就被老板任命为销售总监。

卡耐基说过:"矫正对方错误的第一方法——批评前先赞美对方。"批评前先赞美,能化解被批评者的对立情绪,使其在平心静气中接受批评,从而达到预想效果。

每个人都有缺点,但无论哪个人都会选择隐藏自己的缺点,希望别人能够看到自己的优点,也都希望能得到别人的肯定。所以,在人际交往中,我们要学会发掘他人身上的闪光点,并积极地给予肯定。

懂得示弱的女人在发现别人的不足之处时，是不会硬来的，更不会伤了对方的自尊，而是会多说一些恭维对方的话。让对方高兴要比说一些激烈的言辞效果好得多，这样，别人就会很乐意地去听取你的意见和建议。

何丽是公司营销部的经理，身经百战的她，在谈判桌上是胜利者，在私底下也是下属心中的"偶像"。

每当何丽发现下属犯错误或工作没有做到位时，她从来都没有过当众训斥过，而是把犯错误的下属叫到公司的休息区，边喝咖啡边聊天。而且，这样的谈话往往开头都是一样的，"你最近工作很努力，成绩有目共睹，客户都很满意。但是……"何丽总是先肯定对方的成绩，再把不足之处指出来。这样一来，既不会让对方觉得难堪，又会让他很有成就感，他会记住经理指出的问题，并很快改正。

虽然每个人都会犯错误，但是并不能因此而否定他的全部，工作中是这样，婚姻也一样。所谓先肯定后批评的方式，就是在批评的时候不要全盘否定，而要针对别人犯的具体错误加以批评，使其及时改正，不可一概而论。

夫妻之间能相容就不必苛求，可是当错误和缺点可能对婚姻造成影响时，就应该指出来要求对方加以改正。当丈夫做了错事，如果你直接说出来，一定会让他感觉没有面子，心里不舒服。这时，你不妨试试"甜言蜜语"，然后再委婉指出，一定比直接指责和批

评来得更有效。

生活中经常能见到这样的情景,本来你是好意给对方提出忠告,对方却往往很不高兴。其实,这是需要技巧的。

首先,女人在向别人提出忠告之前,一定要先肯定他某方面的成绩,让他觉得自己总的来说做的还是很好的。

其次,女人要明确忠告是为了对方,为对方好是根本出发点。因此,要让对方明白你的一番好意,就必须注意自己的语气和态度,一定要语气缓和,态度和善,万不可疏忽大意,随便草率。

最后,女人不要贬低对方,抬高别人。不要以事与事、人与人比较的方式提出忠告。因为此时的比较,往往是拿别人的长比对方的短,这样很容易伤害对方的自尊心。

4

太多的请求让你疲于应付，找个合理的借口说"不"

谁都愿意做个受欢迎的女人，但受欢迎也是要付出代价的。"嗨，美女，帮忙去买杯咖啡吧？""晚上有个应酬，做我的搭档好吗？""小美女，我们这周要去旅行，帮我照顾一下家里的宠物狗吧！""能借我5000元钱吗？保证下个月就还你。"类似这样无止境的请求难免会让受欢迎的女人疲于应付。

答应下来吧，可能会给自己的生活平添一份困扰；拒绝吧，又实在抹不开面子。于是，一个委婉但又不失体面的拒绝理由，就变得尤为重要了。这并不代表着你不愿意向朋友伸出援助之手，学会婉转说"不"，只是说明会示弱的女人也有权利在自己不堪重负的时候喊"停"。

丽影进公司两年，老总总是对其他员工说："什么事情交给丽影我就放心了。"开始丽影很高兴，但渐渐的她的任务越来越多，多到了即使加班加点也做不完。周围很多同事却闲得两眼发

呆,薪水却并不比她少几分。丽影想,也许再忍忍就会有升职的机会,然而机会却一次次地和她擦肩而过。

后来丽影从人事部的一位同事口中得知,关于她升职的事中层主管会讨论过N次,每次都被老总否了,说虽然丽影业务能力不错,但如果升职了,就找不到像丽影这样任劳任怨的员工了。

丽影很气恼。当老总再次给她加工作量时,丽影鼓足勇气说:"我手里有三个大项目,十个小项目,我担心时间安排不过来。"老总的脸立刻变了,好像非常失望。丽影接着说:"不过,要按期保质完成,我需要几个帮手。"老总惊讶地看着她,终于笑着说:"我考虑一下。"

老总没有再提加新任务的事,反而是经常过来关心丽影的工作进展,并叮嘱她有困难就提出来,等等。

可见,拒绝并不难,但需要注意的是,"不"字不能太过简单直白地说出来。聪明的女人应该采用技巧,让对方自动放弃其要求,也是一种好方法。

身处职场,天性乐于助人的女性往往成了被求助的对象。她们一定经常遇到这样的问题:一位同事突然开口让你帮他做一份难度很高的工作。答应下来吧,可能要连续加几个晚上的班才能完成,而且这也不符合公司的规定;拒绝吧,面子上实在抹不开,毕竟是多年的同事。办公室里,几乎所有的女人都害怕或者不愿意拒绝同事的请求,因为她们害怕失去良好的人际关系。所以在面对同事不合理要求的时候,常常感到为难,以致每次都心软地接受。

快下班的时候,谢楠接了一个电话,一听连撒娇带耍赖的语气就知道是桃桃,她说:"亲爱的,救救我吧,帮我写个方案,客户已经催了好几次了,可是我实在是没有时间。你知道的,最近我的事情实在是太多了……周末我请你吃韩国料理。"

桃桃是谢楠在公司里最好的朋友,属于那种嘴巴很甜的女人。她这已经不是第一次求助谢楠了,她下班就忙着去约会,常常把做不完的工作推给谢楠。每次,谢楠都想拒绝,可是听到她一句一个"亲爱的",那能把人融化的热情,都不知道该怎么开口说"不"。

相信很多人都遭遇过这样的矛盾,当别人向你提出了请求时,你本想拒绝,却又害怕失去良好的人际关系。为此常常感到左右为难,勉强接受之后,却又会给自己带来了无谓的麻烦。

当遇到同事需要我们帮助时,要看清问题,面对那些难度较大且违反公司规定的问题,要学会适当地用沟通去拒绝,也利于自己的人际关系发展。

首先,倾听能了解帮助内容的真相。当遇到同事向你请求帮助时,请对方把处境与需要讲得更清楚一些,自己才知道如何帮他。接着向他表示你了解他的难处,若是你易地而处,也一定会如此。"倾听"能让对方先有被尊重的感觉,在你婉转地表明自己拒绝的立场时,也能避免伤害他的自尊心或避免让人觉得你在应付。

其次,在说"不"的时候要委婉。说"不"的第一原则就是让对方的挫败感越少越好,不受尊重的感觉越小越好。拒绝绝不能让对方感觉丢面子,伤感情。用"虽然……但是……"这一模式,是

最愚蠢的拒绝方式,因为它看上去照顾了对方的情面,却会在无意识间,将自己变成一个复杂而又有城府的女人。

当你倾听之后,认为自己应该拒绝的时候,说"不"的态度必须是温和而坚定的。即使是"炮弹",也应当裹上"糖衣"。委婉地表达拒绝,比直接说"不"让人容易接受。

最后,关怀并提出建议。虽然无法帮助,但是我们可以隔一段时间主动关心对方的情况。有时候拒绝是一个漫长的过程,对方会不定时提出同样的要求。若能化被动为主动地关怀对方,并让对方了解自己的苦衷与立场,可以减少拒绝的尴尬与影响。

■ 5

求好姐妹办事，说话也要客气

也许你觉得朋友关系密切，于是你直言直语，你威逼利诱，你死缠烂打，那么就算是再亲密的好姐妹也会被你惹得不快，从而对于你求助的事情一票否决。求好姐妹办事时，女人不妨用委婉的话语，客客气气地请对方拉你一把，帮你渡过难关，这样出于对朋友的关照，她们很可能对你伸出援助之手。

莎士比亚的《亨利四世》中有一句话："即使理由多得像草莓籽一样，我也不愿在别人的强迫下给他一个理由。"是的，想说服姐妹帮助我们，强迫命令和指使统统要不得，这些方式只会产生负面的结果，最后只能落得"吃个闭门羹"的下场。

"蘩，快给我充一百元话费。"

苏伊蘩收到小枝这样的信息，心中泛起一阵委屈。小枝是自己的好姐妹，从小玩到大，学的同一个专业，现在在同一家医院实习，住在同一间宿舍。可是小枝天生一副大小姐脾气，老是对自己颐指气使。在医院里，明明是小枝的活儿，可是小枝却说："蘩，快去快去，护士长催得急。"在寝室里，明明是大家值夜班回来都很累，可是小枝却说："蘩，烧壶热水，我要泡脚……"这样的事情，苏伊蘩简直受够了，帮好姐妹做点事情无可厚非，可是这样的态度也太让人难以接受了。

于是，不想再受小枝"压迫"的苏伊蘩没有去充话费，而是回了一条信息："我没空。"

女人们千万不要错误地认为她们既然是我们的好姐妹，就理所当然地要替我们排忧解难，而我们就算口出狂言，好姐妹对我们也是肝胆相照，照顾我们也在所不辞。天底下没有这样的好事儿。试想一下，当一个人都不被另一个人尊重甚至被"欺凌"的时候，谁还愿意心甘情愿地去替她做事。

一个聪明的女人，要找好姐妹办事，也会先摸透好姐妹的心理，尊重她，客客气气地求她办事儿，满足好姐妹"被奉承"的需要，说到了她们的心坎儿上，那么她们自然乐意帮你一把。

梅绿漪的丈夫开着一家古玩店，不过今年的形势不乐观，老物件是只进不出。虽说店里的各色古玩越来越多，可是卖不出去，正常的生计都成了问题。看着丈夫紧缩的眉头，梅绿漪打算帮助丈夫出点单子。

可是自己平时就是个家庭主妇，也没有什么人脉，一时梅绿漪犯了愁。突然，她想起年初自己去参加一个好朋友的婚礼，据说好朋友的老公可是个有实力的古玩爱好者，梅绿漪打算向这位好姐妹发起"人情进攻"。

那天,梅绿漪拿了大包小包去拜访好朋友,一起回忆了初中时代的青春岁月,又一起拉了一会儿家常,最后才道出了家里最近的困难。梅绿漪说:"你也知道了,我们家生意不景气,但这并不是我们家货不好,我可以保证我们家的都是货真价实的好东西,你不妨和你老公说说,喜欢就收藏一件两件的,也可以带朋友来我们家店里转转,说不准还真能遇到喜欢的东西。如果能帮上我们家的忙,真是太好了。"

好姐妹听了梅绿漪的话,也特想帮助她一把,于是就向丈夫极力推荐梅绿漪家的古玩店。后来这位好姐妹的丈夫果然带着一帮圈内人去古玩店转转,大家也的确收了好几件古玩。

女人求好姐妹办事儿,说话一定要客客气气,因为对方没有义务来帮助,而帮助只是出于一种人情,所以,我们就要把这人情做足了,关系搞好了,这样才能让好姐妹心甘情愿地来帮助我们。设身处地,将心比心,站在好姐妹的立场上来客客气气地请她们帮忙,也会让好姐妹感觉到你对她的尊重。所以说,客客气气的求人方式,是一个成功的说客应有的态度。

有时候,女人在求人办事时,也难免会遭到冷遇。这时候,你是不是还要保持客客气气、谦恭有礼的态度呢?答案是必须的。这时候,千万不要因为一时的冲动把事办砸了。如果这时候你拂袖而去,纠缠不休,或者怀恨在心,可能会因小失大,就算是好姐妹也无心帮你了。

吴芸去一个老同学家求人办事,这位老同学现在是商界的实力人物,可是她却遭遇了冷遇,心里顿时有一种被冷落的感觉,认为这个人太不够朋友,小坐片刻便借故愤然离去,决心再不与之交往。

既然是请好姐妹办事,就要有个办事的态度,应有的礼节要做足,应该说的话要说得客客气气。而偶尔遇到好姐妹顾此失彼的情形,也千万不要责怪对方,更不应拂袖而去,而应设身处地为好姐妹着想,给予充分的理解和体谅。女人脸皮别太薄,遭受冷遇也别在意。更何况远离对方你又怎么求人家办事呢?聪明的女人会以热报冷,以德报怨,以有礼对无礼,坚信自己客客气气和执着的态度,最终会打动好姐妹温柔的心。

■ 6
意见相左，暂且表示同意，然后再提出自己的观点

我们常常会遇到他人的意见与自己相左的情况，如果我们直接否定了对方的观点，那么对方即使口服，也很难心服。与其尴尬地与他人争个你死我活，不如退一步暂且表示同意，再提出自己的观点，然后在讨论的过程中巧妙地说服对方。

生活中。很多女人在遇到和自己想法有分歧的人时，往往习惯了直接否定别人。稍微自傲一点的，甚至连对方说的话也不会听完，就直接说："你说的不对，应该是……"或者是和对方说："这样根本就不行。"不假思索地回绝对方。结果不是使谈话不欢而散，就是引发一场辩论。

其实，想要别人接受自己的观点，不妨先暂时同意对方的观点，给足别人面子，然后再提出自己的观点，试着和对方站在同一个立场上讨论问题，使他人能够感受到你的尊重，那么对方也比较容易接受你的意见了。

王娅是房地产公司的售楼小姐,常常需要去街头发房地产的传单,有的时候也会主动去拉客户。

每次,王娅去拉客户的时候,客户总会说:"对不起,我现在还不想买房。"开始的时候,王娅总会被客户噎得无话可说。后来,慢慢地王娅就学聪明了,当客户在拒绝王雅的时候,她就会顺着客户的意思说:"您说得也对,这房价一天一个价,如果是我的话,我也不想买。"

"那你为什么还要向我推销呢?"听王娅这样讲,有的人也会好奇的这样问,而这也给了王娅一个说话的机会。"虽然,房价一天一个价,可是我们总不能每天都租房吧……"使用这样的办法,王娅也卖出去好几套房子。

无论是向他人推销东西,还是希望对方接受自己的观点,开始的时候我们都不能把话说得太直白。如果,王娅当时就反驳了客户,那么之后她就没有任何说话的机会了。也就是说,我们在认同他人的时候,也是间接在给自己争取说话的机会。相反,如果一开始你就把对方的路堵死了,或者直接说"不",就容易使他人对你产生抵触情绪,即使你之后的观点再精彩,理由再充分,恐怕对方也不会愿意听你继续说下去。

实际上,我们的观点和想法也有错误的时候,也都知道被人直接指出错误时的感受以及脆弱的羞耻心。同样,在说服别人同意自己的观点时,我们也要考虑到对方的面子,给他人一个台阶下,从而减少不必要的摩擦,使对方更容易接受自己的观点。"你的意见有一点的道理,但如果这样……会不会更好些",聪明的女人在对待和自己意见不同的人时，一定是先肯定了对方的观点之后，再用询问的方式表达自己的观点，这时对方一定会慎重的考虑你提出的意见，如果你的想法够好，那么对方也一定会采用的。

对于相反的意见，暂且表示同意，然后再提出自己的观点，也需要我们掌握一些技巧。在肯定对方的观点时，我们也要先学会倾听，要耐着性子听对方把话讲完，不能在中途打断对方。这样在你反驳对方的时候，就可以充分了解对方的观点，找到关键所在，并且为你接下来的拒绝做好铺垫。

当我们倾听完对方的表达之后，拒绝时口气也要委婉。如果这时你的口气过于强硬，也会使谈话陷入僵局，甚至是没有任何回旋的余地，对方在感到脸上无光的时候，当然也不会轻易地接受你的观点。所以，这时的语气和表情都很关键。先肯定，后否定，能够使谈话不至于陷入僵局，也可以缓和谈话时激烈紧张的气氛。先肯定，能使对方有继续谈下去的希望；后否定，能使对方耐心地听你把话讲完，甚至是快速地达到你想要的效果。

现实中，女人总会遇到别人与自己意见相左的时候，面对他人的不同意见，你自然会坚持自己的观点。不过，在坚持自己的观点时，也要把话说得委婉，适时地先肯定对方的观点，然后为自己争取一个说服他人的机会，这样裹着"糖衣"的说服，也更容易让别人接受。